自炊生活全事典

從備料、烹調、收納到84道和風家常料理
天天開飯超輕鬆

ORANGE PAGE 著

方嘉鈴 譯

常常生活文創

「差不多該動手下廚了吧！」
「趁著新生活的契機，開始下廚吧！」
雖然老是這麼想，卻又不知該從何下手。
但你知道嗎？下廚其實很簡單！

就像小時候讓人沉迷的積木玩具一樣，
只要將零件（材料）準備好，再依照說明書（食譜）的步驟組合，
不就完成了嗎？料理也是一樣。

即使手邊沒有器材、道具？沒問題，更不需要一次買齊。
剛開始，部分料理器具可用其他物品替代。
至於材料，也不需要難以入手的特別香料，
只要一般超市能買到日常調味料就足夠了。

總之，放鬆心情，愉快展開自炊生活，
你就會發現，下廚真的超Easy，烹調美味料理超簡單。
甚至會讓你覺得……「疑～～我也是料理達人嗎？」

只要善用小技巧，就能用最少的材料、最省力的方式，
輕鬆悠閒地展開聰明的「自炊生活」。
讓我們馬上開始吧！

動手
試試看吧！

NAVIGATORS

吃貨先生（♂）吃貨小姐（♀）

這兩位像娃娃魚、又像醬油瓶的女士／先生，就是本書的導覽員。他們最大的嗜好就是「吃」，但卻相當怕麻煩（可見平常很忙），因此最喜歡能簡單完成的美味料理。

CONTENTS

006 **用食材分類的食譜索引**

008 工欲善其事，必先利其器

010 目測、手抓，估量出最適合的份量

014 本書食譜標示指南

016 PART 1
使用高CP值的食材炒・煮・煎烤

018 這些都是能直接使用的高CP值的食材

020 「炒」
・雖然說是「炒」，但意外地不需要太多翻炒動作
・只要預先調理好醬料，就能避免手忙腳亂的情況

032 「煮」
・就算沒有小湯鍋，用平底鍋也能輕鬆完成
・使用宛如料理魔法箱的微波爐，下廚一點也不麻煩

044 「煎烤」
・將整塊肉徹底煎熟的美味要訣
・以圓形平底鍋，就能做出漂亮的歐姆蛋
・只要有小烤箱，就能創造出美味的炸物

050 利用手邊多餘的食材製作簡單小菜

052 Column 1 拯救蔬菜戰隊，出發！

054 PART 2
妙用技巧，輕鬆料理

056 將需要洗滌的器具，降到最低的技巧

062 一次完成兩道菜的技巧

068 週末備妥平日料理的技巧

078 Column 2 活用廚餘蔬菜！

080 ## 切菜備料的方式MEMO

085 ## 廚房家事百科NOW

086 小廚房的食材安置法

088 超小廚房也能創造料理空間

090 提升廚房善後清洗的效率

092 廚房抹布的使用與選擇

094 增加冰箱的效能

096 水槽下方收納技巧

098 如何保存調味料、油品與粉類

100 無臭的生鮮廚餘處理法

102 **Column 3** 便利商店的熟食 RE：Born 餐點升級

103 PART 3
就算睡過頭，也能完成的早餐

106 馬克杯料理，只要微波一下就能完成的美味湯品

108 在吐司上放入餡料，烤一下就OK

112 早餐當然要有蛋才行

116 **Column 4** 只要浸泡就能完成的高湯

117 PART 4
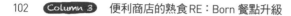
完全不複雜的單品便當

118 滿滿昭和風的鮭魚便當

120 壽喜燒便當

122 用油豆腐做出豬排便當

124 鮪魚歐姆蛋便當(略帶咖哩風味)

126 只要微波就能做的泡菜豬肉烏龍麵便當

127 究極單品便當就是──飯糰

128 從杯湯得到的靈感──味噌球

129 PART 5
隨時能派上用場的家常聚餐料理

130 漢堡 / 134 歐姆蛋包飯 / 136 和風炸雞塊 / 138 日式羽根煎餃

140 味噌鯖魚煮 / 142 煎雞排 / 144 白菜花朵鍋

146 **Column 5** 在家也能自製美味冰品

147 冷凍備料百科

方塊包｜薄片包｜碎丁包

153 搶救走樣蔬菜小事典

肉

〈雞肉〉
風情萬種的雞胸肉沙拉（雞胸肉）⋯⋯⋯⋯⋯⋯072
和風炸雞塊（雞腿肉）⋯⋯⋯⋯⋯⋯⋯⋯⋯⋯134
蔥爆雞肉（雞腿肉）⋯⋯⋯⋯⋯⋯⋯⋯⋯⋯⋯074
香濃奶油雞肉義大利麵（雞胸肉）⋯⋯⋯⋯⋯036
只要簡單煎烤一下就十分美味的嫩煎雞肉（雞胸肉）⋯⋯044
炸雞排（雞胸肉）⋯⋯⋯⋯⋯⋯⋯⋯⋯⋯⋯⋯140
照燒雞腿（雞腿肉）⋯⋯⋯⋯⋯⋯⋯⋯⋯⋯⋯077
日式雞肉牛蒡（雞肉塊）⋯⋯⋯⋯⋯⋯⋯⋯⋯026
茄汁蔥燒雞（雞肉塊）⋯⋯⋯⋯⋯⋯⋯⋯⋯⋯028
〈絞肉〉
發薪前的天使料理奶油炒豆芽菜（豬絞肉）⋯⋯022
一口氣吃光光的咖哩肉醬（綜合絞肉）⋯⋯⋯040
口感滿分的螞蟻上樹（豬絞肉）⋯⋯⋯⋯⋯⋯043
白菜花朵鍋（雞絞肉）⋯⋯⋯⋯⋯⋯⋯⋯⋯⋯142
日式羽根煎餃（豬絞肉）⋯⋯⋯⋯⋯⋯⋯⋯⋯136
漢堡（綜合絞肉）⋯⋯⋯⋯⋯⋯⋯⋯⋯⋯⋯⋯130
鬆鬆軟軟的南瓜肉燥（雞絞肉）⋯⋯⋯⋯⋯⋯042
〈豬肉〉
有媽媽味道的馬鈴薯燉肉（豬肉塊）⋯⋯⋯⋯032
鬆軟的韭菜炒蛋（豬肉塊）⋯⋯⋯⋯⋯⋯⋯⋯030
有博多牛雜鍋風味的高麗菜五花豬（五花豬肉片）⋯034
鹽味肉片豆腐（五花豬肉片）⋯⋯⋯⋯⋯⋯⋯075
豬肉壽喜燒便當（豬肉塊）⋯⋯⋯⋯⋯⋯⋯⋯120
以豬肉洋蔥炒出八寶菜風味（豬肉塊）⋯⋯⋯027
醬燒風味豬肉炒洋蔥（豬肉塊）⋯⋯⋯⋯⋯⋯024
超下飯的味噌豬肉炒青椒（豬肉塊）⋯⋯⋯⋯029
豬肉炒小松菜（豬肉塊）⋯⋯⋯⋯⋯⋯⋯⋯⋯020
健康系中華料理組合（涮涮鍋用豬肉片）⋯⋯064
簡易的辣炒馬鈴薯條（豬肉塊）⋯⋯⋯⋯⋯⋯077
微波一下就OK的泡菜豬肉烏龍麵便當（豬肉塊）⋯126
〈加工肉品〉
使用1整罐番茄的熱湯（熱狗）⋯⋯⋯⋯⋯⋯104
熱門的洋食料理（熱狗）⋯⋯⋯⋯⋯⋯⋯⋯⋯066
芥末風味馬鈴薯焗烤（熱狗）⋯⋯⋯⋯⋯⋯⋯060

海鮮

〈鮭魚〉
鮭魚高麗菜⋯⋯⋯⋯⋯⋯⋯⋯⋯⋯⋯⋯⋯⋯⋯056
麵包粉製作的炸鮭魚塊⋯⋯⋯⋯⋯⋯⋯⋯⋯⋯048
充滿昭和風味的鮭魚便當⋯⋯⋯⋯⋯⋯⋯⋯⋯118
〈鯖魚‧鯖魚罐頭〉
居酒屋風鯖魚豆腐⋯⋯⋯⋯⋯⋯⋯⋯⋯⋯⋯⋯038
味噌鯖魚煮⋯⋯⋯⋯⋯⋯⋯⋯⋯⋯⋯⋯⋯⋯⋯138
味噌鯖魚鍋⋯⋯⋯⋯⋯⋯⋯⋯⋯⋯⋯⋯⋯⋯⋯058

〈鮪魚罐頭〉
鮪魚歐姆蛋便當（咖哩口味）⋯⋯⋯⋯⋯⋯⋯124
鮪魚海帶芽飯糰⋯⋯⋯⋯⋯⋯⋯⋯⋯⋯⋯⋯⋯127
〈其他〉
吻仔魚海苔雜炊（吻仔魚）⋯⋯⋯⋯⋯⋯⋯⋯105
鱈魚子高湯拌飯（鱈魚子）⋯⋯⋯⋯⋯⋯⋯⋯116
蛋蛋飯（明太子）⋯⋯⋯⋯⋯⋯⋯⋯⋯⋯⋯⋯111

蛋

鬆軟的韭菜炒蛋⋯⋯⋯⋯⋯⋯⋯⋯⋯⋯⋯⋯⋯030
蛋包飯⋯⋯⋯⋯⋯⋯⋯⋯⋯⋯⋯⋯⋯⋯⋯⋯⋯132
奢華版貓飯⋯⋯⋯⋯⋯⋯⋯⋯⋯⋯⋯⋯⋯⋯⋯110
用油豆腐做出豬排飯般豐盛的蔬食便當⋯⋯⋯122
咖啡館的法式吐司⋯⋯⋯⋯⋯⋯⋯⋯⋯⋯⋯⋯108
辣味蔥飯⋯⋯⋯⋯⋯⋯⋯⋯⋯⋯⋯⋯⋯⋯⋯⋯111
完美太陽蛋⋯⋯⋯⋯⋯⋯⋯⋯⋯⋯⋯⋯⋯⋯⋯114
像整面盤子一樣大的歐姆蛋⋯⋯⋯⋯⋯⋯⋯⋯046
一吃就上癮的雞蛋丼飯⋯⋯⋯⋯⋯⋯⋯⋯⋯⋯102
煮出適合自己喜好的水煮蛋⋯⋯⋯⋯⋯⋯⋯⋯112
鮪魚歐姆蛋便當（咖哩口味）⋯⋯⋯⋯⋯⋯⋯124
滑滑嫩嫩的溫泉蛋⋯⋯⋯⋯⋯⋯⋯⋯⋯⋯⋯⋯113
奢華版貓飯⋯⋯⋯⋯⋯⋯⋯⋯⋯⋯⋯⋯⋯⋯⋯110
滑嫩順口的西式炒蛋⋯⋯⋯⋯⋯⋯⋯⋯⋯⋯⋯115
蛋蛋飯⋯⋯⋯⋯⋯⋯⋯⋯⋯⋯⋯⋯⋯⋯⋯⋯⋯111

豆腐及大豆製品

居酒屋風鯖魚豆腐（豆腐）⋯⋯⋯⋯⋯⋯⋯⋯038
義大利的涼拌菜（豆腐）⋯⋯⋯⋯⋯⋯⋯⋯⋯051
用油豆腐做出豬排飯般豐盛的蔬食便當（油豆腐）⋯122
辣味油豆腐味噌球（油豆腐）⋯⋯⋯⋯⋯⋯⋯128
鹽味肉片豆腐（豆腐）⋯⋯⋯⋯⋯⋯⋯⋯⋯⋯075
鐵板豆腐（油豆腐）⋯⋯⋯⋯⋯⋯⋯⋯⋯⋯⋯062
鬆鬆軟軟的納豆（豆腐、納豆）⋯⋯⋯⋯⋯⋯050

蔬菜

〈南瓜〉
鬆鬆軟軟的南瓜肉燥⋯⋯⋯⋯⋯⋯⋯⋯⋯⋯⋯042
〈香菇〉
像整面盤子一樣大的歐姆蛋（鴻喜菇）⋯⋯⋯046
香菇拌飯（金針菇、香菇）⋯⋯⋯⋯⋯⋯⋯⋯076
味噌奶油蒸韭菜香菇（香菇）⋯⋯⋯⋯⋯⋯⋯062
膳食纖維滿滿的生薑炒菇（金針菇、鴻喜菇）⋯071
〈高麗菜〉
大阪燒風格的高麗菜炒竹輪⋯⋯⋯⋯⋯⋯⋯⋯023
高麗菜與豬五花鍋物料理⋯⋯⋯⋯⋯⋯⋯⋯⋯034

鮭魚高麗菜⋯⋯⋯⋯⋯⋯⋯⋯⋯⋯⋯⋯⋯⋯⋯⋯ 056
日式羽根煎餃⋯⋯⋯⋯⋯⋯⋯⋯⋯⋯⋯⋯⋯⋯⋯⋯ 136
熱門的洋食料理⋯⋯⋯⋯⋯⋯⋯⋯⋯⋯⋯⋯⋯⋯ 066
芥末醬高麗菜沙拉⋯⋯⋯⋯⋯⋯⋯⋯⋯⋯⋯⋯ 051
蔬菜滿點的高麗菜沙拉⋯⋯⋯⋯⋯⋯⋯⋯⋯ 070
燒肉店必備的生菜沙拉⋯⋯⋯⋯⋯⋯⋯⋯⋯ 051
〈小黃瓜〉
清爽可口的小黃瓜炸雞塊丼飯⋯⋯⋯⋯⋯ 102
蔬菜滿點的高麗菜沙拉⋯⋯⋯⋯⋯⋯⋯⋯⋯ 070
〈牛蒡〉
日式雞肉牛蒡⋯⋯⋯⋯⋯⋯⋯⋯⋯⋯⋯⋯⋯⋯⋯ 026
膳食纖維滿滿的生薑炒菇⋯⋯⋯⋯⋯⋯⋯⋯ 071
〈小松菜〉
豬肉炒小松菜⋯⋯⋯⋯⋯⋯⋯⋯⋯⋯⋯⋯⋯⋯⋯ 020
豆芽菜和小松菜的韓式小菜⋯⋯⋯⋯⋯⋯ 076
〈馬鈴薯〉
有媽媽味道的馬鈴薯燉肉⋯⋯⋯⋯⋯⋯⋯⋯ 032
簡易的辣炒馬鈴薯條⋯⋯⋯⋯⋯⋯⋯⋯⋯⋯⋯ 077
熱門的洋食料理⋯⋯⋯⋯⋯⋯⋯⋯⋯⋯⋯⋯⋯⋯ 066
〈洋蔥〉
一口氣吃光光的咖哩肉醬⋯⋯⋯⋯⋯⋯⋯⋯ 040
以豬肉洋蔥炒出八寶菜風味⋯⋯⋯⋯⋯⋯ 027
醬燒風味豬肉炒洋蔥⋯⋯⋯⋯⋯⋯⋯⋯⋯⋯⋯ 024
〈番茄 小番加〉
義大利的涼拌菜⋯⋯⋯⋯⋯⋯⋯⋯⋯⋯⋯⋯⋯⋯ 051
蜂蜜起司番茄吐司⋯⋯⋯⋯⋯⋯⋯⋯⋯⋯⋯⋯ 106
健康系中華料理組合⋯⋯⋯⋯⋯⋯⋯⋯⋯⋯⋯ 064
〈韭菜〉
鬆軟的韭菜炒蛋⋯⋯⋯⋯⋯⋯⋯⋯⋯⋯⋯⋯⋯⋯ 030
味噌奶油蒸韭菜香菇⋯⋯⋯⋯⋯⋯⋯⋯⋯⋯⋯ 062
〈紅蘿蔔〉
涼拌胡蘿蔔絲⋯⋯⋯⋯⋯⋯⋯⋯⋯⋯⋯⋯⋯⋯⋯ 069
日式雞肉牛蒡⋯⋯⋯⋯⋯⋯⋯⋯⋯⋯⋯⋯⋯⋯⋯ 026
膳食纖維滿滿的生薑炒菇⋯⋯⋯⋯⋯⋯⋯⋯ 071
〈蔥 日本萬能蔥〉
茄汁蔥燒雞⋯⋯⋯⋯⋯⋯⋯⋯⋯⋯⋯⋯⋯⋯⋯⋯⋯ 028
蔥味味噌球⋯⋯⋯⋯⋯⋯⋯⋯⋯⋯⋯⋯⋯⋯⋯⋯⋯ 128
白菜花朵鍋⋯⋯⋯⋯⋯⋯⋯⋯⋯⋯⋯⋯⋯⋯⋯⋯⋯ 142
〈青椒〉
超下飯的味噌豬肉炒青椒⋯⋯⋯⋯⋯⋯⋯⋯ 029
〈水菜〉
沙拉風高湯煮⋯⋯⋯⋯⋯⋯⋯⋯⋯⋯⋯⋯⋯⋯⋯ 116
〈豆芽菜〉
鬆軟的韭菜炒蛋⋯⋯⋯⋯⋯⋯⋯⋯⋯⋯⋯⋯⋯⋯ 030
發薪前的天使料理奶油炒豆芽菜⋯⋯⋯ 022
咖哩橘醋豆芽菜⋯⋯⋯⋯⋯⋯⋯⋯⋯⋯⋯⋯⋯⋯ 050
豆芽菜和小松菜的韓式小菜⋯⋯⋯⋯⋯⋯ 076

澱粉

〈烏龍麵〉
傳說中的關東煮烏龍麵⋯⋯⋯⋯⋯⋯⋯⋯⋯ 102
微波一下就OK的泡菜豬肉烏龍麵便當⋯ 126
〈飯〉
蝦榨菜飯糰⋯⋯⋯⋯⋯⋯⋯⋯⋯⋯⋯⋯⋯⋯⋯⋯ 127
蛋包飯⋯⋯⋯⋯⋯⋯⋯⋯⋯⋯⋯⋯⋯⋯⋯⋯⋯⋯⋯ 132
親子丼⋯⋯⋯⋯⋯⋯⋯⋯⋯⋯⋯⋯⋯⋯⋯⋯⋯⋯⋯ 110
用油豆腐做出豬排便當⋯⋯⋯⋯⋯⋯⋯⋯⋯ 122
辣味蔥飯⋯⋯⋯⋯⋯⋯⋯⋯⋯⋯⋯⋯⋯⋯⋯⋯⋯⋯ 111
鮭魚高麗菜⋯⋯⋯⋯⋯⋯⋯⋯⋯⋯⋯⋯⋯⋯⋯⋯ 056
味噌鯖魚鍋⋯⋯⋯⋯⋯⋯⋯⋯⋯⋯⋯⋯⋯⋯⋯⋯ 058
一吃就上癮的雞蛋丼飯⋯⋯⋯⋯⋯⋯⋯⋯⋯ 102
鮭魚紫蘇飯糰⋯⋯⋯⋯⋯⋯⋯⋯⋯⋯⋯⋯⋯⋯⋯ 127
充滿昭和風味的鮭魚便當⋯⋯⋯⋯⋯⋯⋯⋯ 118
吻仔魚海苔雜炊⋯⋯⋯⋯⋯⋯⋯⋯⋯⋯⋯⋯⋯ 105
豬肉壽喜燒便當⋯⋯⋯⋯⋯⋯⋯⋯⋯⋯⋯⋯⋯ 120
一口氣吃光光的咖哩肉醬⋯⋯⋯⋯⋯⋯⋯ 040
鱈魚子高湯拌飯⋯⋯⋯⋯⋯⋯⋯⋯⋯⋯⋯⋯⋯ 116
鮪魚歐姆蛋便當（咖哩口味）⋯⋯⋯⋯ 124
鮪魚海帶芽飯糰⋯⋯⋯⋯⋯⋯⋯⋯⋯⋯⋯⋯⋯ 127
香菇拌飯⋯⋯⋯⋯⋯⋯⋯⋯⋯⋯⋯⋯⋯⋯⋯⋯⋯ 076
海苔起司飯糰⋯⋯⋯⋯⋯⋯⋯⋯⋯⋯⋯⋯⋯⋯⋯ 127
奢華版貓飯⋯⋯⋯⋯⋯⋯⋯⋯⋯⋯⋯⋯⋯⋯⋯⋯ 110
清爽可口的小黃瓜炸雞塊丼飯⋯⋯⋯⋯⋯ 102
蛋蛋飯⋯⋯⋯⋯⋯⋯⋯⋯⋯⋯⋯⋯⋯⋯⋯⋯⋯⋯⋯ 111
〈吐司〉
薄切蘋果片吐司⋯⋯⋯⋯⋯⋯⋯⋯⋯⋯⋯⋯⋯ 107
咖啡館的法式吐司⋯⋯⋯⋯⋯⋯⋯⋯⋯⋯⋯⋯ 108
蜂蜜起司番茄吐司⋯⋯⋯⋯⋯⋯⋯⋯⋯⋯⋯⋯ 106
〈冬粉〉
口感滿分的螞蟻上樹⋯⋯⋯⋯⋯⋯⋯⋯⋯⋯⋯ 043
〈義大利麵〉
香濃奶油雞肉義大利麵⋯⋯⋯⋯⋯⋯⋯⋯⋯ 036
奶油通心粉濃湯⋯⋯⋯⋯⋯⋯⋯⋯⋯⋯⋯⋯⋯ 105

其他

〈乾糧〉
海苔起司⋯⋯⋯⋯⋯⋯⋯⋯⋯⋯⋯⋯⋯⋯⋯⋯⋯ 127
海帶芽味噌球⋯⋯⋯⋯⋯⋯⋯⋯⋯⋯⋯⋯⋯⋯⋯ 128
〈乳製品〉
水蜜桃優格冰沙（優格）⋯⋯⋯⋯⋯⋯⋯ 144
摩卡咖啡冰淇淋（香草）⋯⋯⋯⋯⋯⋯⋯ 144
海苔起司飯糰（起司）⋯⋯⋯⋯⋯⋯⋯⋯⋯ 127
香柚起司味噌球⋯⋯⋯⋯⋯⋯⋯⋯⋯⋯⋯⋯⋯ 128

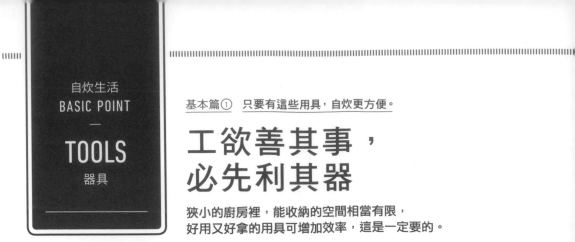

自炊生活
BASIC POINT
—
TOOLS
器具

基本篇① 只要有這些用具，自炊更方便。

工欲善其事，
必先利其器

狹小的廚房裡，能收納的空間相當有限，
好用又好拿的用具可增加效率，這是一定要的。

① 平底鍋

本書所介紹的料理，大多只要用平底鍋就能做，一把直徑26cm的平底不沾鍋是必需品，如果能再多準備一把直徑20cm的平底鍋，那就更完美了。購買鍋具時，請記得也要買鍋蓋。順道一提，無論是多愛用的不沾鍋，用久了塗料都會脫落，為了健康，請將平底鍋視為消耗品，務必定期替換才行。

② 小湯鍋

一只口徑18到20cm的不鏽鋼或鋁製小湯鍋，會讓你在料理時得心應手。除了煮泡麵，小湯鍋更是下麵條或是燙青菜的好幫手，如果家中沒有水壺，也可用小湯鍋來煮一人份的熱水。

③ 耐熱料理皿

材質不拘，只要能用微波爐加熱就行。口徑建議選擇20～22cm，方便放入食材，用料理筷、小木鏟攪拌也很好用。

④ 篩網

建議選用比料理皿略小，可直接收納於皿內的尺寸。附有把手的篩網更好，這樣就可一手按住食材、一手握著把手，輕鬆瀝乾水份。此外，也可挑選底部附有腳架的篩網，就可直接將篩網放置在料理台上，更加方便。

⑤ 砧板

砧板太大不利收納，但尺寸過小食材放不下，大約A4大小最合適。這樣在使用時，就可區分出肉類、菜類或味道強烈的食材等不同區域，味道就不會相互干擾。建議可選用塑膠材質，會比木質更易保持衛生，還可以漂白。

⑥ 料理夾

料理夾其實很好用，它施力容易，方便在鍋中將肉類、魚類翻面。此外，在料理義大利麵或其他麵類時，也可用料理夾將麵條在湯鍋中攪散，避免沾粘。建議選用前端為耐熱樹脂（或矽膠）材質，較不會刮傷平底鍋。

⑦ 料理筷

比一般筷子更長的料理用筷具，可拌勻熱騰騰的料理、夾取炸物，或是將料理盛盤等，盡量選用木筷或竹筷，柔和又能讓人放心使用。

⑧ 小木鏟

通常用於攪拌食材，可讓食材保持完整，不會對烹調器材造成刮損。橡膠材質的也OK，優點在於可刮取醬料，又不容易沾粘。

⑨ 刀具

最適合料理初學者使用的刀具，就是不鏽鋼的「三德刀（Santoku knife）」又稱為萬能刀、文化刀。此款刀具的刀背往刀鋒處，有一個圓滑的弧度，刀長約18到20cm。

⑩ 料理剪刀

可用來剪海苔，也可用於切開蔬菜、肉類等，相當方便。購買時請選用容易使力，能確實握好的款式，也可以挑選能拆解清洗的組合式料理剪刀，方便保持衛生乾淨。

⑪ 方形保鮮盒

不僅能方便保存沒有用完的蔬菜食材，也可取代一般收納器皿，還可以作為料理過程中的食材收納盒，或作為調理麵衣的容器。建議選擇可以疊合收納的款式。

基本篇② 以直覺估算調味料的大約份量

目測、手抓
估量出最適合的份量

「食譜中的『少許』是多少？」「沒有量匙時，又該如何測量出『大匙』的份量？」不用擔心，只要以「大約是這樣的份量」來製作就可以了。

少量的測量法 | ## 用眼睛看、用手抓

少許

計量鹽、砂糖等粉狀調味料時，以大拇指和食指所捏出的量就是「少許」。

一小撮

計量鹽、砂糖等粉狀調味料時，以大拇指、食指及中指所捏出的量就是「一小撮」。

淋上些許

「些許」的量約為食用荷包蛋或冷豆腐時，所淋上醬油的份量。多寡的比例大約為：數滴＜些許＜1/2小匙。

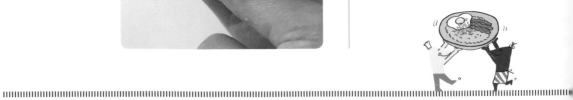

記得的話會比較方便！ | # 大約的標準量

原寸大小！
1瓣蒜頭

從1整顆蒜頭中撥開的其中1瓣。雖然實際的食材會有大小差異，但標準尺寸約為7到8g。

市售蒜泥（軟管裝）　5cm × 2條

原寸大小！
1小節生薑

約等同於大拇指第一個指節大小。標準尺寸約10g左右。

市售生薑泥（軟管裝）　5cm × 2條

原寸大小！ **奶油　10g**

標準尺寸約為長寬各3cm，厚約1cm的塊狀大小。由於日本市售款式的奶油寬度多為6cm，建議可以對切一半，再切出1cm的厚度即可。

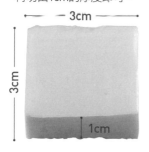

義大利麵　80g

將市售的義大利乾麵條握起來，當直徑為2cm左右時約為80公克。

大約2cm

沙拉油1大匙

在未加熱的平底鍋上倒入沙拉油後，沙拉油延展成直徑8cm時，即為1大匙的份量，而1/2大匙的份量，則是呈現直徑約4cm的狀態。

使用家中原有的東西就行 │ # 量匙和量杯的替代品

1
大
匙

15ml

用餐湯匙

（吃咖哩用的湯匙，長徑約為5cm）

1
小
匙

5ml

小湯匙

（稍微滿一些）

保特瓶蓋

（稍微再少一些）

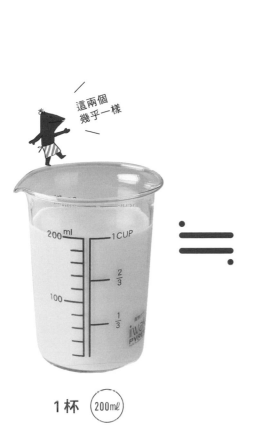

這兩個
幾乎一樣

1杯 (200ml)

保特瓶
（500ml或550ml的瓶子）

會隨著保特瓶形狀不同而
有所差異，但大約以此為
標準。

6.5cm

玻璃杯
（口徑8.5cm×高度9cm）

會隨著形狀不同而有所差
異，若是玻璃杯的款式差
不多，就以此為標準。

7cm

想要測出準確份量的人請看這裡   **量匙的正確使用方式**

確實測量出「1匙」的份量

A.測量「1匙」醬油或沙拉
油等液體時，請將液體倒入
至快要溢出來的狀態。
B.測量「1匙」鹽或麵粉等
粉狀物時，請以量匙的把
手，將滿出來的部份「刮
除」。

A   B

確實測量出1/2匙的份量

A.測量1/2匙醬油或沙拉油
等液體時，請將液體倒入
至量匙的2/3處。
B.測量1/2匙鹽或麵粉等粉
狀物時，請先測量出1匙的
量，再以另一支量匙的尾
端挖掉一半。

A   B

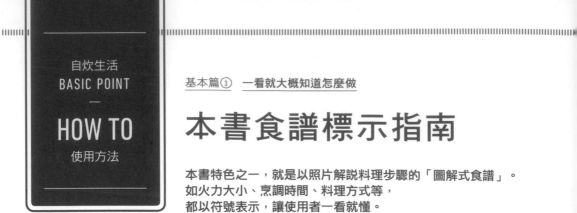

基本篇③　一看就大概知道怎麼做

本書食譜標示指南

本書特色之一，就是以照片解說料理步驟的「圖解式食譜」。
如火力大小、烹調時間、料理方式等，
都以符號表示，讓使用者一看就懂。

烹調符號
烹調方式，以及會用
到的烹調器具等。

1
預熱、將雞肉放在
平底鍋的正中央、
並撒上麵粉，周圍
放入蔥段煎一會
中火　2～3分鐘

預熱符號 ─ 麻油 預熱 2分鐘

火力符號 ─

2
上下翻炒
中火　熱一下

時間符號 ─

3
在鍋子中央處，
以木鏟劃出一個
開口，倒入茄汁
醬接著拌炒
中火　1～2分鐘
將醬料確實拌入料理內

茄汁蔥燒雞

料理時間 10分鐘 ｜ 卡路里 501kcal ｜ 鹽份 3.9g

比一人份再多一些

蔥…1根(切成3cm
長的蔥段)

茄汁醬
日式橘醋醬油
…2大匙
蕃茄醬
…2大匙
拌勻

切好的雞肉塊
…150g
● 麻油…1大匙
● 麵粉…1小匙

帶點橘醋味的豬肉
讓人不知不覺一下
就吃光了。

預熱符號

〈〈〈─ 沙拉油
預熱 1分鐘

放入食材前,先在平底鍋內倒入沙拉油等,再依照書上食譜所示的時間開火加熱。不同的料理,會有不同的加熱時間和強弱之別,請務必注意。一般而言,若將手放在平底鍋上方可感受到熱氣,或是將平底鍋傾斜後,沙拉油會呈現稍微黏稠狀,就應該差不多了。

火力符號

◗◗◗小火

瓦斯爐的火焰,沒有直接接觸到平底鍋或鍋子的底部,且只有底部正中心加熱而已。

◗◗◗中火

瓦斯爐的火焰,剛好觸到平底鍋或鍋子的底部,且加熱面積比鍋具的底部範圍稍微小一些。此外,書中提及的「小中火」是指火力介於小火和中火之間,「大中火」則是指火力介於中火和大火之間。

◗◗◗大火

瓦斯爐的火焰,明顯包覆平底鍋或鍋具的底部,整個鍋底受到均勻的加熱。

時間符號

🕐 ○分

依照時間標示進行炒、煮、加熱等動作。

🕐 煮至沸騰

將湯汁或水煮至沸騰,亦即加熱至水面冒出大量氣泡為止。

🕐 熱一下

大約以20～30秒左右的短時間快速加熱一下。

烹調符號

♨ 微波爐○分

若以微波爐加熱,火力一般以600W做為加熱基準。若使用500W的微波爐,烹調時間請乘以1.2倍;若用700W的微波爐,烹調時間則需乘以0.8來。此外,若機種不同,也會有而些許差異。

🍲 保鮮膜

放入微波爐加熱前,請先蓋上保鮮膜。

📺 小烤箱○分

表示使用小烤箱(1000W)所需的加熱時間。由於烤箱加熱的效果,會隨著機型有所差異,建議參考料理完成圖來比對檢視。

🌀 拌勻

將調味料、食材等均勻攪拌的符號。若有調味料需要先混合或太白粉水要先溶解等,請在倒入鍋前,再攪拌一下,避免沈澱造成調味不均勻。

份量的標示

本書中所表示的1大匙為15ml、1小匙為5ml、1杯為200ml、1cc為1ml。書中所表示的飯量,1飯碗為200g、1茶碗為150g。

關於〈Finish memo〉

當料理完成時,針對擺盤所給的小提示。通常會放在成品圖附近,以圓圈標註,在上菜前用以完成最後步驟。

關於〈比一人份再多一些〉

炒物食譜大多都有〈比一人份再多一些〉的標示,由於這類料理在食材與調味料等準備上較為簡單,所以份量可比一人份再多一些,稍微多做一點,就當作隔天的便當。

\ 馬上開始料理吧! /

PART
1

使用高CP值的食材
炒・煮・煎烤

或許你想要享受「不拘泥形式，可隨心所欲」的自在料理時光，
那你就必需要有符合價格實惠、可長期保存又健康的超高CP值食材。
而且，料理所使用的食材量、醬料種類也一定要少。
以下，就要介紹能讓錢包開心，又簡單好上手的料理。

炒

P.20

■ 雖然說是「炒」
　但意外地不需要太多翻炒動作
■ 只要預先調理好醬料
　就能避免手忙腳亂

煮

P.32

■ 就算沒有小湯鍋
　用平底鍋也能輕鬆完成
■ 使用宛如料理魔法箱的微波爐
　下廚一點也不麻煩

煎烤

P.44

■ 將整塊肉徹底烤熟的美味要訣
■ 以圓形的平底鍋
　就能做出漂亮的歐姆蛋
■ 只要有小烤箱
　就能創造出美味的炸物

冷凍豬肉

便宜又美味。
而且還不用自己動手切，
簡單就能使用。

這些都是能 直接 使用的
高CP值的食材

從現在開始
動手下廚吧！

超市內陳列著各式各樣的食材，該買哪些？
才能做出簡單好吃，又便宜方便的料理呢？答案就在這裡。
總之，只要先買下這些食材，就能變出佳餚了。

豆芽菜

價格超便宜。
但是不能久放，要立刻使用。

豆腐

價格便宜。蛋白質豐富。
是健康的好幫手。

雞蛋

很快就能煮熟，
也可直接加在白飯上。

雞胸肉

比雞腿肉便宜，
又不需要費工
切除肥肉，
相當方便。

鮭魚片

一般而言
魚類的價格較高，
但鮭魚價格穩定，
容易入手。

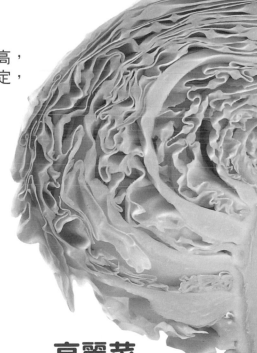

絞肉

無論是豬、雞或混合絞肉，
價格都很實惠，
也不需要再動手分切。

高麗菜

可以久放的蔬菜。
買回來後，
就先擺入冰箱吧。

炒 ^之1

雖然說是「炒」，但意外地不需要太多翻炒動作

雖說本篇介紹的料理方式是「炒」，但這裡的料理手法不需要像中華料理師傅般得賣力甩鍋翻炒。而是只要將食材放入鍋內，簡單拌炒幾下就能完成的輕鬆料理。

豬肉炒小松菜

- -

🕐 料理時間 10分鐘
卡路里 480kcal ｜ 鹽份1.3g

比一人份再多一些

鴻喜菇…50g　小松菜…100g
（分成小朵）　（對切成5cm段）

（莖部再縱向切開，長約5cm）

冷凍豬肉…150 g

● 奶油…10g
● 粗粒黑胡椒…依個人喜好
● 醬油…1小匙

---

1 預熱、
將豬肉平放於鍋內
直接煎熟。

◆◆◆ 中火　🕐 2分鐘

到奶油至半
預熱　融化的狀態

直接煎！
不需拌炒，直接將
豬肉鋪好，若豬肉
沒有完全攤平開來
也沒關係。

2 在豬肉的四周
放入蔬菜。

◆◆◆ 中火　🕐 2分鐘

鴻喜菇

**這裡也是
直接煎！**
由於蔬菜比較容
易熟，所以放在
豬肉的四周即
可，高溫處還是
以肉為優先。

小松菜

奶油的香和黑
胡椒的辣，是
絕佳組合。

3 整體拌炒，
淋入胡椒、醬油。

◆◆◆ 中火　🕐 2分鐘

終於需要炒了！
為了讓菜餚入味，
所以需要「炒」一
下，不需要整個翻
鍋大炒，只需要將
食材上下混合炒勻
即可。

發薪前的天使料理
奶油炒豆芽菜

⏱ 料理時間 7分鐘 ｜ 卡路里 456kcal ｜ 鹽份 2.7g

比一人份再多一些

豬絞肉
…100g

豆芽菜…1袋
（200g）
（先以清水沖洗，
再將水份瀝乾）

● 麵粉…2小匙
● 味噌…1大匙
● 奶油…20g
● 胡椒…輕撒10下（約0.3g）
● 水…2大匙

奶油的美味，
充滿其中呢！

1

將豆芽菜鋪平、
撒上麵粉、
放入絞肉。

2

將絞肉鋪平，倒入水和
醬料，蓋上蓋子悶煮。

◆◆◆ 中火　｜　⏱ 沸騰後煮3分鐘

味噌
奶油

胡椒

味噌和奶油
均勻散放於鍋內

3

上下拌炒。

◆◆◆ 中火　｜　⏱ 1～2分鐘

胡椒
鹽

⌇⌇ 麻油
預熱 1分鐘

大阪燒醬
1又1/2大匙

1

2

3

預熱、鋪上高麗菜，
蓋上鍋蓋悶煮。

加入竹輪拌炒。

加入醬料拌勻。

♦♦♦ 小中火　🕐 2分鐘

♦♦♦ 中火　🕐 1分鐘

♦♦♦ 中火　🕐 1分鐘

想起廟會祭典時的
香味，肚子不知不
覺也餓了起來～

Finish memo
加入大阪燒醬1/2小
匙，撒上柴魚片，
如果有紅薑的話
也可加放上擺盤。

比一人份再多一些

高麗菜…1/4顆(250g)
(剝成易入口的大小)

竹輪…2條
(斜切成寬
1cm 的片狀)

柴魚片…
依個人喜好

● 麻油…1/2大匙
● 大阪燒醬
　…1又1/2大匙＋ 1/2小匙
● 鹽、胡椒…各少許
● 紅薑…依個人喜好

大阪燒風格的
高麗菜炒竹輪

🕐料理時間 10分鐘｜卡路里 234kcal｜鹽份4.0g

炒 之 **2**

 ## 只要預先調理好醬料，
就能避免手忙腳亂

當調味用的醬料超過三種以上時，料理台上就很容易出現混亂的場面，所以請在料理前，預先調好醬料，接下來就能愜意輕鬆的完成料理了。

醬燒風味
豬肉炒洋蔥

🕐 料理時間 10分鐘 ｜ 卡路里 614kcal ｜ 鹽份 4.1g

Finish memo

加入番茄

比一人份再多一些

番茄…1/2顆 (切成6等分的月牙形)

洋蔥…1/2 顆 (橫切成寬8mm的片狀)

豬肉
…150g

● 沙拉油…1大匙
● 麵粉…1小匙

生薑醬料
┌ 生薑泥…2瓣
│ 醬油…1又 1/2 大匙～ 2 大匙
│ 酒…2大匙
└ 砂糖…1大匙　拌勻

事先調配好

預先把醬料調好,放置一旁備用。可預防在料理時,因步驟繁雜來不及而烤焦。

生薑泥的味道好香啊!

〳〳〳— 沙拉油
預熱 2分鐘

1 預熱、鋪平豬肉、撒上麵粉後直接煎。

🌢🌢🌢 中火　🕐 1分鐘

直接煎!

放入豬肉後不需要翻動,直接煎到肉面上色為止。

2 在豬肉的四周放入洋蔥,繼續煎。

🌢🌢🌢 中火　🕐 2分鐘

3 將食材全部翻面,加入醬汁,拌炒至收乾為止。

🌢🌢🌢 中火　🕐 2分鐘

生薑醬料一口氣全部倒入!

在醬料倒入鍋內之前,請先攪拌過,避免久放沈澱,而造成調味不均。

Finish memo

撒上七味粉

食材不需要切得太小塊。

比一人份再多一些

日式辣炒雞肉牛蒡

🕐 料理時間 15分鐘 | 卡路里 522kcal | 鹽份 2.8g

牛蒡…1/2條
（斜切成薄片，洗淨後將水份瀝乾）

雞肉
…150g

和風醬料
┌ 醬油…1大匙
│ 味醂…2小匙
└ 砂糖…1小匙

 拌勻

胡蘿蔔…1/4條
（縱向對切後，再斜切成薄片）

● 麻油…1大匙　● 七味粉…少許

①

預熱、放入雞肉、牛蒡直接煎熟。

⬥⬥⬥ 中火　🕐 2分鐘

〰 麻油
預熱 2～3分鐘

②

加入胡蘿蔔拌炒。

⬥⬥⬥ 中火　🕐 2分鐘

③

加入和風醬料，炒至醬料收乾為止。

⬥⬥⬥ 中火　🕐 2分鐘

雖然只是豬肉、洋蔥也能炒出八寶菜風味

🕐 料理時間 10分鐘 | 卡路里 583kcal | 鹽份 3.1g

比一人份再多一些

洋蔥…1小顆（切成寬1cm的月牙形）

🌀 拌勻
八寶菜醬料

┌ 鹽…1/2小匙
│ 砂糖…1/2大匙
│ 水…4大匙
│ 胡椒…少許
│ 生薑切細絲
└ …1小塊

豬肉…150g

● 沙拉油…1大匙
● 麵粉…1小匙

以麵粉創造出滑嫩的口感♪

1 預熱，豬肉放在鍋子中央，再撒上麵粉，周圍放入洋蔥烤一下。

🔥中火 🕐2分鐘

沙拉油
預熱 2分鐘

2 上下翻炒。

🔥中火 🕐熱一下

3 在鍋子中央處，以木鏟劃出一個開口，倒入八寶菜醬料，接著拌炒。

🔥中火 🕐2～3分鐘

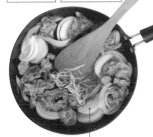

將醬料確實拌入料理內

※譯註：八寶菜源自於粵菜，為什錦菜的一種。

將醬料確實拌入料理內

❶

預熱、將雞肉放在平底鍋的正中央、並撒上麵粉，周圍放入蔥段煎一會。

🔥🔥🔥 中火　⏱ 2～3分鐘

麻油
預熱 2分鐘

❷

上下翻炒。

🔥🔥🔥 中火　⏱ 熱一下

❸

在鍋子中央處，以木鏟劃出一個開口，倒入茄汁醬接著拌炒。

🔥🔥🔥 中火　⏱ 1～2分鐘

茄汁蔥燒雞

🕐 料理時間 10分鐘　│　卡路里 501kcal　│　鹽份3.9g

比一人份再多一些

蔥…1根(切成3cm長的蔥段)

拌勻

茄汁醬
日式橘醋醬油
…2大匙
蕃茄醬
…2大匙

切好的雞肉塊
…150g

● 麻油…1大匙
● 麵粉…1小匙

帶點橘醋味的豬肉讓人不知不覺一下就吃光了。

味噌醬料
用途多多!

超下飯的
味噌豬肉炒青椒

🕐料理時間 10分鐘 ｜ 卡路里 620kcal ｜ 鹽份 5.6g

比一人份再多一些

蔥…1根（斜切成
1cm寬的蔥段）

 拌勻

味噌醬汁

味噌…2大匙
酒…1大匙
砂糖…2小匙
醬油…小匙

切好的豬肉塊
…150 g

青椒 2顆
（切成3cm的丁狀）

● 麻油…1大匙

 1

預熱、將豬肉下鍋
鋪平直接煎。

🔥🔥🔥 中火　🕐 1分鐘

麻油
預熱 2分鐘

 2

將青椒與蔥段下鍋放在
肉的四周，再煎一下。

🔥🔥🔥 中火　🕐 2分鐘

青椒

蔥段

 3

拌炒後倒入味噌
醬料，再拌炒均
勻。

🔥🔥🔥 中火　🕐 2分鐘

居家飯館開張
鬆軟的韭菜炒蛋

🕐 料理時間 10分鐘 ｜ 卡路里 540kcal ｜ 鹽份 4.2g

不去不行！
白飯在呼喚我呢！

比一人份再多一些

韭菜…1/3把
（切成5cm長）

切好的豬肉塊
…80g（撒上各少
許的鹽與胡椒，
稍微醃一下）

豆芽菜
…1/2袋（100g）
（泡水洗淨後用
篩網上瀝乾）

●沙拉油…2小匙+2小匙

蛋液 🌀拌勻

┌ 雞蛋…2顆
│ 鹽、胡椒
└ …各少許

🌀拌勻

调味醬汁

┌ 酒…1/2大匙
│ 醬油…1/2大匙
└ 鹽、胡椒…各少許

---

1 預熱、倒入蛋液，
大約拌炒3到4次。

| 🔥🔥🔥 大中火 | 🕐 至半熟狀態為止 |

半熟蛋先起鍋
放在一旁備用

沙拉油
（2小匙）
預熱 1分30秒

2 將平底鍋擦乾淨、
再熱鍋煎豬肉。

| 🔥🔥🔥 中火 | 🕐 兩面各煎1分鐘 |

沙拉油
（2小匙）
預熱 1分鐘

3 加入豆芽菜、韭菜、醬料，
快速拌炒。

| 🔥🔥🔥 大火 | 🕐 熱一下 |

4 再把剛炒好的半熟蛋下鍋與
其他食材一起拌炒均均勻。

| 🔥🔥🔥 大火 | 🕐 熱一下 |

煮 之 1

就算沒有小湯鍋，用平底鍋也能輕鬆完成

即使沒有單把鍋或雙耳湯鍋，只要有平底鍋和鍋蓋，就能輕鬆完成。
由於平底鍋鍋面較大，湯汁容易蒸發，所以「鍋蓋」是本單元重要的料理器具之一。

放著煮就能完成的料理
- -

有媽媽味道的
馬鈴薯燉肉

- -

🕐 料理時間 30分鐘｜卡路里 415kcal
鹽份3.1g（1餐份）

鬆軟多汁的
美好口感♪

2餐份

洋蔥…1/2顆（縱切成0.5cm寬）

馬鈴薯…3顆
（連皮切成6等分）

切好的豬肉塊…150g（拌入醬油、
砂糖各1小匙，稍微醃一下）

醬汁
［砂糖…2大匙
　醬油…2大匙
　水　 1/3杯］
拌勻

 1　將洋蔥與馬鈴薯
放進鍋中，
倒入醬汁後開火。

◆◆◆中火　🕐 煮至沸騰為止

2　豬肉下鍋，蓋上
鍋蓋繼續燉煮。

◆◆◆小火　🕐 12～13分鐘

> **由於馬鈴薯塊不
> 易煮透，請依照
> 此順序疊放**
>
> 將較硬的根菜類放
> 在鍋底，而富有蛋
> 白質的肉類食材，
> 則放在根菜類食材
> 的上方。如此一
> 來，不僅能保持肉
> 類鮮嫩，食材中的
> 美味也能確實入
> 味，是個一石二鳥
> 的好方法。

3　熄火後，上下翻
炒一下，再蓋上
鍋蓋悶一會。

🕐 10分鐘

> **利用餘溫悶煮**
>
> 只要靜置一旁，就
> 能讓料理更加入味。

有博多牛雜鍋風味的 高麗菜五花豬

🕐 料理時間 10分鐘 ｜ 卡路里 458kcal
鹽份 2.3g（將湯汁收乾至一半）

Finish memo

灑點麻油，
擠些檸檬汁。

1人份

韭菜…1/3把（切成6cm長）

紅辣椒…1根（切成小段）

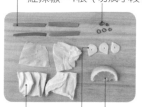

高麗菜…1/4顆
（250g，切成易
入口的大小）

檸檬…1小片
（切成月牙形）

大蒜…1瓣
（橫切成薄片）

豬五花…100g
（切成約5cm長的肉片）

醬料
｢雞粉(顆粒狀)…1/2小匙
　酒…3大匙
　鹽…2/3小匙
｣水…1又1/2杯

● 麻油…少許

> 肉片的美味與大蒜
> 氣味十分搭配，讓
> 人想一口氣全部吃
> 光光★

---

1 將醬料拌勻後倒入鍋中開火。

🔥🔥🔥 中火　⏱ 稍微沸騰即可

---

2 依序加入食材，最後蓋上鍋蓋燉煮。

🔥🔥🔥 中火　⏱ 3分鐘

❶ 高麗菜（鋪平）

❷ 豬肉（不要黏在一起）

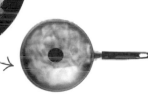

❸ 大蒜
（分散於
鍋內）

❹ 紅辣椒
（分散於鍋內）

---

3 加入韭菜。

🔥🔥🔥 中火　⏱ 熱一下子

整體拌勻

連義大利麵都沒問題

香濃奶油雞肉義大利麵

🕐 料理時間 20分鐘 | 卡路里 778kcal | 鹽份 5.5g

1人份

義大利麵(直徑 0.16cm 的細麵，
約需煮 7 ～ 9 分鐘)…80g

雞胸肉…1/2 片(100g，切成 2cm 的丁狀)

洋蔥…1/2 顆(縱切成薄片)

起司片…4 片

醬料
┌ 鹽…1/2 小匙
│ 橄欖油…1 小匙
└ 水…1 又 1/2 杯

🌀 拌勻

● 奶油…10g

---

1 依序放入食材加入醬料，蓋上
鍋蓋後開火。

💧💧💧 中火   🕐 沸騰為止

❶ 洋蔥
❷ 義大利麵
（ 對折放入 ）
❸ 雞肉
❹ 起司片
（ 撕成小片 ）

---

2 蓋著鍋蓋燉煮一會。

💧💧💧 小火   🕐 10分鐘

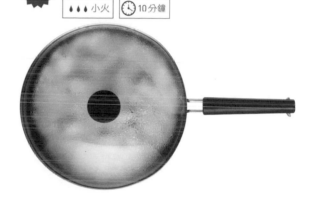

---

3 加入奶油後拌勻再煮一會。

💧💧💧 小火   🕐 2分鐘

連義大利麵
都能煮。

份量十足的簡易版煮物

居酒屋風鯖魚豆腐

🕐 料理時間 10分鐘 ｜ 卡路里 354kcal ｜ 鹽份 3.1g（1餐份）

Finish memo

撒上七味粉

2餐份

日式味噌鯖魚
罐頭…1罐
（200g）

小松菜…1把
（切成5cm長）

木棉豆腐…1盒
（300g，切成易入口的大小）

煮汁
砂糖…1小匙
酒、味醂…各1/2大匙
醬油…1又1/2大匙
水…1杯

●七味粉…少許

1 將煮汁在鍋中攪拌均勻後，開火煮沸。

中火　煮至沸騰為止

2 加入豆腐、罐頭鯖魚後燉煮。

中火　6分鐘

倒入鯖魚罐頭內
的湯汁

3 加入小松菜後再煮一下。

中火　1分鐘

以罐頭作為調味
的基底，讓料理
過程更加輕鬆。

煮 之 2

使用宛如料理魔法箱的微波爐，下廚一點也不麻煩

微波爐不只可作為加熱和解凍之用，還是非常好用的料理工具，特別是在製作水份含量較低的煮物時。對於瓦斯爐口較少的狹小廚房而言，可是個不能缺少的好幫手呢。

一口氣吃光光的咖哩肉醬

🕐 料理時間 7分鐘 | 卡路里 456kcal | 鹽份 2.7g

Finish memo
將肉醬
淋在白飯上

1人份

洋蔥…1/4顆（切成末）

去皮番茄罐頭
…1杯

綜合絞肉
…80g

- 大蒜泥（市售軟管裝）
  …擠出一段約3cm長
- 生薑泥（市售軟管裝）
  …擠出一段約3cm長
- 咖哩粉…1小匙
- 鹽…1/2小匙
- 胡椒…1小撮
- 煮好的白飯…200g

 1 將除了白飯以外的全部食材倒入耐熱容器後拌勻。

以直徑約21cm的盤子盛裝

使用微波爐製作時，食材的選擇相當重要！

容易熟透的絞肉，就非常適合用於微波料理中。

2 以微波爐加熱。

 蓋上保鮮膜　　微波爐加熱 3分鐘

覆蓋保鮮膜的要訣！

要將保鮮膜輕輕地覆蓋於食器上，保留可以讓水蒸氣通過的空間。如果以完全密封的方式包裹，加熱時可能會聽見熱氣衝出保鮮膜所造成的爆裂聲音（恐怖唷）。

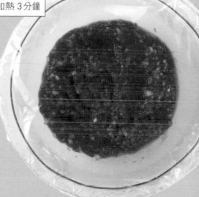

3 加熱完成後攪拌均勻。

真想趕快吃到美味的咖哩肉醬。

鬆鬆軟軟的
南瓜肉燥

🕐 料理時間 25分鐘 | 卡路里 378kcal | 鹽份 2.2g

比一人份再多一些

南瓜…1/8顆
（約200 g，切成
易入口大小）

雞絞肉
…100g

　煮汁
┌ 砂糖…1小匙
│ 味醂…2小匙
│ 醬油
│ …1又1/2大匙
└ 水…1杯

🌀 拌勻

即使是稍微帶有
硬度的南瓜，也
能以餘溫悶透。

1 將煮汁和絞肉
放入耐熱容器
再攪拌均勻。

拌至絞肉完全散開

2 將南瓜塊以皮朝下的
方式放入容器中，用
微波爐加熱。

 蓋上保鮮膜

 微波爐加熱8分鐘

南瓜的皮朝下

3 攪拌均勻再蓋上
保鮮膜，以餘溫
悶熟。

🕐 10分鐘

蓋密

將絞肉拌散

042

1 將食材依序放入耐熱容器內。

① 絞肉（鋪平） ③ 蔥末（撒勻）
② 冬粉（鋪平） ④ 淋上擔擔麵醬料

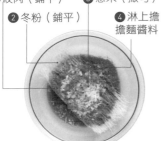

2 以微波爐加熱。

🍚 蓋上保鮮膜

🌊 微波爐加熱 5 分鐘

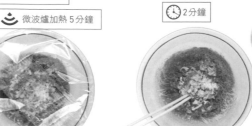

3 攪拌均勻再蓋上保鮮膜，以餘溫悶熟。

⏱ 2分鐘

蓋密

時間就是金錢，只要使用微波爐短時間就能完成

1人份

蔥…1/2根（切成蔥末）

蔥絲…（切成5cm長，以水洗淨後瀝乾）

擔擔麵醬料
- 豆瓣醬…1/2小匙
- 醬油…2小匙
- 白芝麻…1又1/2大匙
- 味噌…1大匙
- 麻油…少許
- 水…1杯

🌀 拌勻

冬粉…60g

豬絞肉…100g

口感滿分的螞蟻上樹

⏱ 料理時間 25分鐘 ｜ 卡路里 378kcal ｜ 鹽份 2.2g

Finish memo
最後點綴上蔥絲即可

煎烤 之 1

 ## 將整塊肉徹底烤熟的美味要訣

大口享用美味的烤肉,是人間一大享受,但想烤得出美味,可沒那麼容易。請謹記以下步驟「將肉退冰至常溫→以小火慢慢烤熟→以餘溫將肉悶透」,只要掌握這個技巧,再花上一點點的時間,就能做出美味的烤肉。

簡單煎烤一下就十分美味的嫩煎雞肉

🕐 料理時間 20分鐘 | 卡路里 583kcal
鹽份 2.4g

Finish memo
點綴上小番茄,再淋上微溫的醬料。

1人份

雞胸肉…1片（約200g）
（請於料理前20分鐘從冰箱取出，
撒上1/4小匙的鹽及少許的胡椒調味
後，再均勻沾上1大匙的麵粉。）

小番茄…4顆（對切）

嫩煎醬料
[溫泉蛋…1顆
  美乃滋…1小匙
  醬油…1/2小匙
  胡椒…少許]

拌勻

● 沙拉油…1/2人匙

1 稍微預熱，將雞肉放入鍋內油脂豐富面朝下微煎。

 中火　🕐 6～7分鐘

沙拉油
預熱 2分鐘

從油脂較豐富處開始煎！

從油脂較多的雞皮面開始煎，不僅能煎出多汁又美味的雞肉，還能料理出可口又漂亮的焦黃色。

煎到雞胸肉四周都變白為止

2 翻面再煎。

 小火　🕐 6～7分鐘

翻面後以小火慢煎

由於此面油脂較少，比較容易煎熟，所以用小火慢烤即可。而為了讓整塊肉熟透，所以關火後稍微靜置一會。

3 取山盛盤，靜置一會。

🕐 5分鐘

不要立刻食用！

煎完後稍微靜置一會，以餘溫讓肉塊變得更加軟嫩可口，再將肉汁淋在煎好的雞胸肉塊上，創造出多汁的口感。

這雞胸肉也太香嫩可口了吧！～

煎烤 之 2

以圓形的平底鍋，
就能做出漂亮的歐姆蛋

可愛的東西大多都是圓形（亂說）。想要做出外型好看的料理時，就用平底鍋來製作漂亮的圓形歐姆蛋吧。快看！這具有衝擊性的亮眼造型。

像整面盤子一樣大
的歐姆蛋

料理時間 15分鐘
卡路里 626kcal｜鹽份 2.4g

Finish memo

淋上番茄醬

比一人份再多一些

培根…2片
（切成寬約2cm的小片）

鴻喜菇…1/2包(50g)
（分成小株）

披薩用起司…30g

蛋液…3顆份

● 沙拉油…1大匙
● 鹽…少許
● 番茄醬…依個人喜好

真是太感謝
平底鍋了。

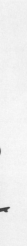

1 預熱、放入培根、鴻喜菇後拌炒。

🔥🔥🔥 中火　⏱ 2分鐘

🍳 沙拉油
預熱 2分鐘

2 撒上鹽、加入蛋液和起司拌勻後，均勻展開。

🔥🔥🔥 中火　⏱ 熱一下

邊煎邊拌勻

趁著蛋液凝固前，在平底鍋內均勻展開成圓形。輕輕拌勻帶入空氣，創造出蓬鬆的份量與柔嫩的口感。

大約拌炒5次左右

3 蓋上鍋蓋悶煮。

🔥🔥🔥 小火　⏱ 6～7分鐘

悶煮完成

由於將蛋液翻面難度較高，因此以悶煮來避開翻面的動作。此外，悶煮至半熟的狀態，口感會更滑嫩喔。

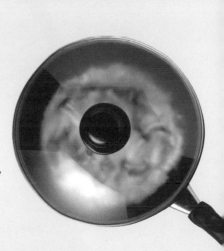

煎烤 之 3

只要有小烤箱，
就能創造出炸烤美味

說到「烤」，那當然就不能忘了小烤箱。由於高溫由上而下，所以只要將食材包裹上麵衣，就能創造出宛如炸物般的酥脆口感。

麵包粉製作的炸鮭魚塊

🕐料理時間 15分鐘 | 卡路里 415kcal | 鹽份 3.1g

Finish memo
盛裝於高麗菜絲上，再淋上日式中濃醬。

1人份

高麗菜葉…1片（切成絲）

鮭魚生魚片…1塊（切成
易入口的大小，撒上少量
的鹽和胡椒。）

麵衣
[麵包粉…1大匙
[起司粉…1小匙

● 日式中濃醬…依個人喜好
● 顆粒芥末醬…1/2大匙
● 橄欖油…1大匙

1 將鮭魚片並排在烤盤上，塗上芥末醬。

小烤箱內的烤盤
上鋪上錫箔紙，
並塗上一層薄薄
的橄欖油（食材
份量以外）。

2 撒上麵衣。

**在麵包粉上
下點功夫**

將麵包粉與起司
粉拌勻後，不僅
具有麵衣的功
能，也能創造出
極佳的口感。

3 淋上橄欖油，放入小烤箱內加熱。

小烤箱7～8分鐘

**加上橄欖油的
炸物**

由於小烤箱的熱
源位於上下兩
側，為了不讓麵
衣脫落，創造出
酥脆的口感，在
加熱的後半階
段，要時時注意
烤箱內的料理狀
況以避免烤焦。

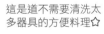

這是道不需要清洗太
多器具的方便料理☆

巧妙運用剩餘的醬料

咖哩橘醋豆芽菜

🕐 料理時間 5 分鐘
卡路里 31kcal ｜ 鹽份 1.2g

材料（1人份）與製作方法

❶ 在1/2包豆芽菜（100g）內，分別撒上少許的鹽、醋拌勻後，以熱水汆燙1分鐘左右，再將水份瀝乾。

❷ 碗內倒入1/4小匙的咖哩粉和1大匙的日式橘醋醬油拌勻後，將步驟❶的豆芽菜放入碗內與醬料混合均勻即可完成。

利用手邊多餘的食材製作

簡單小菜

使用手邊多餘的食材，或是剛好買了適合搭配的主菜時，就用這些小菜來當作配菜吧！只需要3至5分鐘就能完成，十分方便。

花一點點小功夫，就能擁有好心情。

豆類組合的健康料理

鬆鬆軟軟的納豆

🕐 料理時間 3 分鐘
卡路里 165kcal ｜ 鹽份 1.1g

材料（1人份）與製作方法

❶ 將1/3盒的豆腐倒入盤器內搗碎

❷ 取出市售納豆連同盒外附加的調味醬拌勻，再倒入步驟❶上方，最後加上1小撮青海苔，淋上少許醬油即完成。

豆腐

將豆腐變成起司

義大利的涼拌菜

🕐 料理時間 3 分鐘
卡路里 212kcal ｜鹽份 0.5g

材料（1人份）與製作方法

❶ 取5顆小番茄去掉蒂頭後對切。

❷ 取出1/2盒的嫩豆腐放入盤中，將步驟❶的番茄擺放於豆腐上，淋上1大匙的橄欖油，撒上各少許的鹽、粗粒黑胡椒即完成。

再去買些新食材吧！

高麗菜

讓人懷念的甜味小菜

芥末醬高麗菜沙拉

🕐 料理時間 5 分鐘
卡路里 121kcal ｜鹽份 1.3g

材料（1人份）與製作方法

❶ 將1/8顆高麗菜，切成1.5cm的正方形後，放入耐熱容器內，蓋上保鮮膜，放入微波爐內加熱1分30秒。

❷ 取出另一個碗，加入1大匙的美乃滋、1/2小匙的顆粒芥末醬、1/2小匙的橄欖油、1/3小匙的檸檬汁以及各少許的鹽、醬油後攪拌均勻。

❸ 將步驟❶的高麗菜和3大匙的罐頭玉米放入步驟❷內，再將食材與沙拉醬拌勻即可。

加入其他蔬菜，增加料理色彩也OK。

高麗菜

我家就是燒肉店

燒肉店必備的生菜沙拉

🕐 料理時間 3 分鐘
卡路里 113kcal ｜鹽份 1.3g

材料（1人份）與製作方法

❶ 將1/2大匙的白芝麻、1/2大匙的醬油、1/2大匙的麻油倒入碗內混合均勻。

❷ 將1/8顆高麗菜切成易入口的大小，取出1包苜宿芽後切除根部，再將1整片烤海苔剝成小片。

❸ 將步驟❶的調味與步驟❷的食材混勻即完成。

拯救蔬菜戰隊，出發！

動手下廚，不可避免的會遇到一些小問題。
這些料理困擾，就讓「拯救蔬菜戰隊」來解決吧！

HELP!

東剩一點西剩一點，結果就放到爛掉了

RESCUE

用醃漬法拯救蔬菜！

提供一人份配飯所需的醃菜份量，大約是1/2條的胡蘿蔔、1/4條的白蘿蔔，接著就可以順便加入「剩下的蔬菜」。但使用時請拋棄「使用剩餘蔬菜」的想法，而是改成「讓蔬菜美味被完整使用」的念頭，這是將剩菜變成美味的重要關鍵之一。這裡所傳授的「醃漬」料理，對於像是洋蔥、青椒、大頭菜等，可直接生吃的蔬菜都適用喔！

只要混和一下就OK的醃漬液！

將醃漬液放入夾鏈袋內備用，每當有多餘的蔬菜時，就切成易入口的大小，放入裝有醃漬液的夾鏈袋，只要靜置一天後就能食用。醃漬液大約可保存1個月左右，請大膽放入適合的食材吧！

❶ 醬油漬
醬油1杯、味醂1/2杯

❷ 橄欖油漬
橄欖油、沙拉油、醋各1/2杯、鹽1小匙、大蒜1瓣（對切）

❸ 甘醋漬
醋1又1/2杯、砂糖1又1/2大匙、鹽1/2小匙

❹ 橘醋漬
日式橘醋醬油1杯、水1/4杯

HELP!
哎呀！
不小心失手，
倒入太多醬料了

RESCUE

沒關係！
還是能救回來的

一不小心倒入太多醬料，以至於食材太少、醬料太多，讓好不容易完成的料理變得超重口味！有過這樣經驗的人肯定不少，但你知道其實有可以挽救的方法嗎？如果這樣就放棄，可不行啊！

以醬油、味噌為基底的菜餚

加入麻油

倒入麻油可讓過鹹的料理，稍稍調和一些。一人份的菜餚，約加入1小匙至1大匙的份量。

以鹽味為基底的菜餚

加入醋

只要在菜餚中加點醋，就會發現鹽味降低得不可思議。一人份的菜餚，約加入1/2小匙的份量。

日式橘醋醬油＝
稀釋3倍的日式麵味露2：醋1

在日式麵味露上加點酸味，就會變成清爽可口的橘醋麵味露。

蠔油醬＝
番茄醬1：醬油1：味噌1：砂糖少許。

以味噌和番茄醬創造出蠔油的味道，這帶點和風的調味口感也很不錯！

日式中濃醬＝
醬油1：果醬(柑橘醬) 1＋胡椒少許＋醋1〜2滴

以水果醬取代醬料的材料，
也可直接以水果取代果醬來製作醬料，
所製作出的醬料會帶有水果的風味。

HELP!
天呀！
醬料沒了

RESCUE

以基本醬料調
出替代品

「記得家裡應該還有⋯⋯結果卻用光了。」這種狀況較常發生在不常使用的醬料上，這時候，就用基本款醬料調製出味道類似的替代品，雖然味道無法完全相同，但下廚就像做實驗一樣，需要一點嘗試的精神。

PART
2

妙用技巧
輕鬆料理

或許你想要享受「不拘泥形式，可隨心所欲」的自在料理時光，
那你就必需要有符合價格實惠、可長期保存又健康的超高CP值食材。
而且，料理所使用的食材量、調味料種類也一定要少。
以下，就要介紹能讓錢包開心，又簡單好上手的料理。

P.56 將需要洗滌的器具
降到最低的技巧

P.62 一次完成兩道菜
的技巧

P.68 週末備妥平日料理
的技巧

需要洗滌的器具只有這些！

將需要洗滌的器具，降到最低的技巧

浮現下廚好麻煩的念頭時，就別動用到刀子和砧板，
改用只需手和料理剪刀的料理，
只要撕開、剪開，就連料理器具也不需動用，
如此一來就能將需要洗滌的器具確實降低，一點也不麻煩。

蒸煮料理的好幫手！
微波爐

鮭魚高麗菜

🕐 料理時間 10 分鐘
卡路里 501kcal ｜ 鹽份 3.9g

只需要以手將菜撕開，再擺盤一下，
一個盤子就能搞定一餐。
綠紫蘇的香味讓料理美味再升級。

1人份

高麗菜葉
…2片（100g）

鹽、胡椒…各少許

奶油…10 g

綠紫蘇…2片

鮭魚片
…1片（100g）

麵粉…1小匙

醬油…2小匙

煮好的白飯…160g

在家的電視
晚餐時光！

1 將高麗菜撕開成易入口的大小，放入耐熱盤內，再放入鮭魚。

2 撒上鹽、胡椒、麵粉，再將奶油分成小塊後擺在鮭魚上，淋上醬油。

3 以微波爐加熱，加熱完成後取出靜置1至2分鐘。

🍽 蓋上保鮮膜　　〰 微波爐加熱4分鐘

4 將步驟3的高麗菜折起，留出另一半的盤子空間放入白飯，最後撕成小塊的綠紫蘇點綴其上即完成。

味噌鯖魚鍋

🕐 料理時間 7分鐘

卡路里 767kcal ｜ 鹽份 2.1g

將複雜的調味交給鯖魚罐頭吧！簡
簡單單就能做出餐廳等級的美味小
菜。

幾個步驟就能完成的
鍋物料理

以小湯鍋製作

需要洗滌的器具只有這底！

1人份

鯖魚罐頭（味噌口味）
…1 罐（200g）
日式萬能蔥…1 根
煮好的白飯…160 g

水 …1/2 杯
雞蛋…1 顆
豆瓣醬…1/2 小匙

可愛的小鍋子
也能煮♡

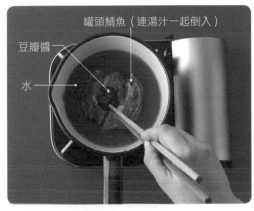

豆瓣醬
水
罐頭鯖魚（連湯汁一起倒入）

1 將材料放入小湯鍋內，
稍微攪拌一下後開火。

♦♦♦ 中火   煮至沸騰

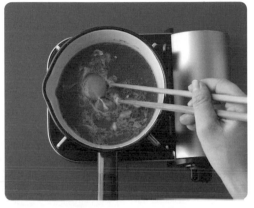

2 放入雞蛋，以筷子將雞蛋打散。

♦♦♦ 中火   2分鐘

3 熄火後，
倒入白飯拌勻。

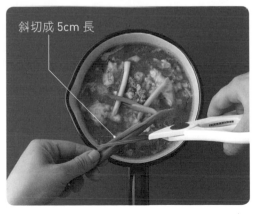

斜切成 5cm 長

4 將蔥剪成蔥段放入，熄火後，
倒入白飯拌勻。

焗烤系美味

以小烤箱製作

需要洗滌的器具只有一隻

芥末風味馬鈴薯焗烤

🕐 料理時間 10分鐘 ┃ 卡路里 430kcal ┃ 鹽份 1.4g

直接在冷凍馬鈴薯條上淋入醬料,再藉由高溫烤製
輕鬆入味,吃起來就像是可口的馬鈴薯泥一般。

1 人份

冷凍薯條…10 根
蘆筍…1 根
熱狗…2 條

起可粉…1 小匙
芥末醬（顆粒狀）
…1 小匙
牛奶…1 大匙
美乃滋…2 大匙

冷凍的馬鈴薯條
真像緞帶。

牛奶　　美乃滋

芥末醬（顆粒狀）

1 將食材放入耐熱皿後拌勻。

2 放入冷凍薯條並與醬料混勻。

斜剪成 3cm 長，交錯放入

3 以料理剪刀
將蘆筍和熱狗剪成段。

4 撒上起司粉後放入小烤箱內。

> 小烤箱加熱 7 ～ 8 分鐘

一次完成兩道菜的技巧

接下來要介紹同時製作主菜和配菜的高級技巧！其實訣竅相當簡單，一開始先將兩道料理一起加熱，接著在烹煮途中變化調味就OK了。最後，這兩道菜又同時呈現在器皿中，這或許就是主菜和配菜的完美友情。

料理技巧快速進步中！

1人份

【鐵板豆腐】

油豆腐…1片(以溫水搓洗後切成4等分)

● 沙拉油…1大匙

🌀 拌勻

甜鹹醬
┌ 生薑泥…1/2瓣
│ 醬油…1大匙
│ 砂糖…1小匙
│ 太白粉…1/2小匙
│ 豆瓣醬…少許
└ 水…2大匙

【味噌奶油蒸韭菜香菇】

韭菜…1/3把(切成長5cm)

香菇…2朵(切成薄片)

● 味增…1小匙
● 奶油…5g

以平底鍋一次完成兩道菜

鐵板素料理

鐵板豆腐＋味噌奶油蒸韭菜香菇

🕐 料理時間 15 分鐘　│　卡路里 428kcal　│　鹽份 3.7g

請將味噌散放各處，
奶油放在正中央。

右側烤到稍微 焦
狀，左側蒸到錫箔
紙膨起來。

🦶🦶 麻油
預熱 2分鐘

1 將韭菜與香菇放入錫箔紙上，
撒上調味料後包裹起來。

2 預熱、並排放入油豆腐和
步驟1的蔬菜包。

▲▲▲ 中火　│ 🕐 料理兩面都各加熱3分鐘

配菜完成！只要
攪拌一下就能盛
盤。

3 取出蔬菜包。

▲▲▲ 中火

4 加入甜鹹醬，一邊加熱一邊
將醬料拌勻。

▲▲▲ 中火　🕐 1分鐘

技巧
2

一起煮好兩道料理①

健康系中華料理組合

蔥油肉片＋蠔油青蔬

⏱料理時間 10 分鐘　｜　卡路里 319kcal　｜　鹽份 3.3g

蔥油肉片讓人
食指大動！

1人份

【蔥油肉片】

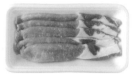

壽喜燒的豬肉片…100g

蔥油醬料
※ 使用稍微大一點
的盤子

🌀 拌勻

蔥…3cm
生薑泥(市售軟管裝)…1cm
大蒜泥(市售軟管裝)…1cm
砂糖…1/2小匙
醬油…2小匙
醋…1小匙
麻油…1/2小匙

【蠔油青蔬】

四季豆…8根(對切成一半長)

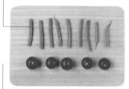

小番茄…5顆

● 蠔油…1小匙
● 鹽、胡椒…各少許

1 待水煮沸後，將所有的材料都放入鍋中煮。

 中火　1分鐘

※煮到肉片變色為止

熱水注入至約2cm高度左右

小番茄和四季豆

豬肉

2 將食材放在篩網上。

3 各別調味。

【蔥油肉片】
豬肉淋上蔥油醬料後拌勻。

【蠔油青蔬】
蔬菜放回平底鍋調味。

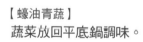

蠔油、鹽巴、胡椒

帶點辣味的可口蔬菜。

一起煮好兩道料理②

熱門的洋食料理

莎莎醬熱狗＋馬鈴薯起司高麗菜

🕐料理時間 12 分鐘 ｜ 卡路里 467kcal ｜ 鹽份 4.0g

Finish memo
依照個人喜好
撒上
粗粒黑胡椒

1 人份

【莎莎醬熱狗】

熱狗…5～6條(對半斜切)

莎莎醬
※使用稍微大一點
的盤子

拌勻

蕃茄醬…1又1/2大匙
Tabasco 辣椒醬…0.75g
大蒜泥(市售軟管裝)…0.5cm

【馬鈴薯起司高麗菜】
高麗菜葉…2片
(撕成易入口大小)

馬鈴薯…1顆
(切成約寬0.7cm的半月形)

● 起司粉…3大匙
● 檸檬汁…1小匙
● 鹽…1小撮
● 粗粒黑胡椒
…少許或依個人喜好

1 待水煮沸後，將所有的
材料都放入鍋中
煮一會後熄火。

♨♨♨ 中火　🕐 4分鐘

馬鈴薯
(鋪在下層)

熱狗
(放在空隙中)

蓋上鍋蓋

高麗菜
(鋪在上層)

熱水注入至
約2cm高度左右

2 將食材放在
篩網上。

3 各自調味。

【莎莎醬熱狗】
將熱狗與莎沙醬
一起拌勻。

【馬鈴薯起司高麗菜】
將蔬菜放回平底鍋
調味。

起司粉：
檸檬汁、鹽、粗粒黑胡椒…均少許

週末備妥平日料理的技巧

只要有你在，就能放心的簡單下廚♡

即使是平日沒有時間料理，
只能利用有時間的時候先做，這樣也完全沒問題。
只要預先製作一些可以久放的小菜，或是做些百搭醬料，
在忙碌時就能派上用場。
以下推薦六道急救料理，讓你在忙碌時也能輕鬆吃到家常美味。

只要事先做好，
就能隨時品嚐。

※P.69～73的配菜，P.74～77的醬料，都要先放入密閉的乾淨容器內，再擺入冰箱冷藏。食用時，也要使用乾淨的筷子和湯匙夾取適當份量。

容易製作的份量

大蒜…1/2 瓣
（搗碎）

胡蘿蔔…2 條
（切成4cm長絲）

調味醬料

┌ 醋…2 大匙
│ 橄欖油…2 大匙
│ 鹽…1/2 小匙
│ 砂糖…1 小撮
└ 胡椒…少許

1 將食材放入耐熱盒內，
以微波爐加熱。

 蓋上保鮮膜　 微波爐加熱 3 分鐘

胡蘿蔔
大蒜

2 將水份瀝乾後，
加入調味醬料
拌勻即完成。

趁熱攪拌

RECOMMEND
非常適合搭配
三明治或燒肉
一起享用。

涼拌胡蘿蔔絲

🕐 料理時間 12分鐘
卡路里 69kcal ｜ 鹽份0.5g（1/5份）

【保存期限】5～6天

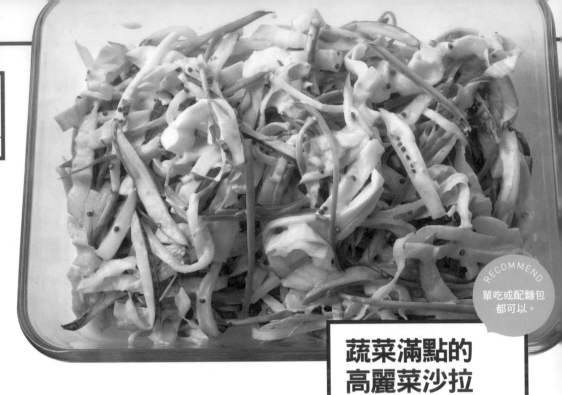

RECOMMEND
單吃或配麵包
都可以。

蔬菜滿點的
高麗菜沙拉

🕐 料理時間 8 分鐘
卡路里 143kcal ┃ 鹽份 0.7g（1/4 份）

【保存期限】3 ～ 4 天

1 蔬菜放入碗內，
加入沙拉醬拌勻。

小黃瓜
芹菜
高麗菜
胡蘿蔔

容易製作的份量

高麗菜葉…3 片（切成寬約 0.5cm 的高麗菜絲）

小黃瓜…1 條
（斜切成薄片後，
再縱切成絲）

胡蘿蔔…1/3 條
（縱切成絲）

芹菜…1/2 根
（斜切成薄片後，再縱切成絲）

2 撒入鹽和胡椒後拌勻即可。

蜂蜜芥末沙拉醬
黃芥末（顆粒狀）…1 大匙
蜂蜜…1 大匙
美乃滋…5 ～ 6 大匙

🌀 拌勻

● 鹽、胡椒…各少許

1 預熱、依序放入牛蒡、
生薑後鋪平於鍋底，
加熱一會後再拌炒。

🔥🔥🔥 中火　🕐 1～2分鐘
↓
🔥🔥🔥 中火　🕐 1分鐘

麻油
預熱 2分鐘

容易製作的份量

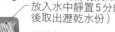

鴻喜菇…1包（100 g）　牛蒡…1條（切成絲，
（分成小株）　　　　　放入水中靜置5分鐘
　　　　　　　　　　　後取出瀝乾水份）

　　　　　　　　胡蘿蔔…1/3條
　　　　　　　　（縱切成絲）

　　　　　　　　生薑…1瓣（切成絲）

金針菇…1包（100 g）（對切）

🌀 拌勻

醬料
［ 砂糖…1 大匙
　醬油
　…2 又 1/2 大匙

● 麻油…2 大匙

2 加入胡蘿蔔、香菇後拌炒。

🔥🔥🔥 中火　🕐 1分鐘

3 加入醬料，
炒至收乾為止即完成。

🔥🔥🔥 大火　🕐 1～2分鐘

RECOMMEND
拌入飯內，再打
顆蛋作成歐姆蛋
也很不錯。

膳食纖維滿滿
的生薑炒菇

🕐 料理時間 20 分鐘
卡路里 111kcal　｜　鹽份 1.7g（1/4 份）

【保存期限】3 ～ 4 天

風情萬種雞胸肉沙拉

🕐 料理時間 30 分鐘　｜　卡路里 195kca
鹽份 0.7g（ 1/4 份 ）

【 保存期限 】3 ～ 4 天

※以下料理時間，不含醃漬時間

容易製作的份量

雞胸肉…2 片（ 400g ）
● 檸檬汁…2 大匙

醃漬調味
┌ 鹽…2 小匙
│ 沙拉油…1 小匙
│ 砂糖…1 大匙
│ 檸檬汁…1 大匙
│ 水…1 大匙
└ 胡椒…少許

Arrange Recipe - 1

清爽雞胸肉片

🕐 料理時間 2 分鐘
卡路里 213kca　｜　鹽份 1.3g

將以下的食材放入盤器內，再加入適量的醬油

雞胸肉沙拉…1/2 片（ 切成寬 0.7cm 的片狀 ）
綠紫蘇葉…2 片
芥末醬、辣醬…依個人喜好

※譯註：貝比生菜是整株不超過10至15cm，非常幼嫩的綜合蔬菜。

Arrange Recipe - 2

爽口沙拉

🕐 料理時間 5 分鐘
卡路里 448kca　｜　鹽份 2.2g

將以下食材拌勻

雞胸肉沙拉…1/2 片
（ 撕成易入口的大小 ）
小番茄…4 顆（ 對切 ）
洋蔥…1/6 顆（ 縱切成絲 ）
貝比生菜…30g

沙拉醬 🌀 拌勻
┌ 橄欖油…2 大匙
│ 鹽…1/4 小匙
│ 醋…1 大匙
└ 胡椒…少許

1 將雞肉放入塑膠袋內，倒入調味料後搓揉使其入味，再放入冰箱內。

🕐 6小時～1天

搓揉
搓揉

2 倒入4杯熱水後煮沸，再將步驟1的雞肉（連同袋內的醃漬調味料）放入鍋內，蓋上鍋蓋後燉煮。

💧💧💧 中火｜煮沸為止 → 💧💧💧 弱火｜5分鐘

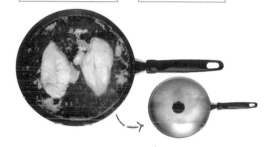

3 熄火後，將雞肉上下翻面，加入檸檬汁蓋上鍋蓋，使其悶熟。

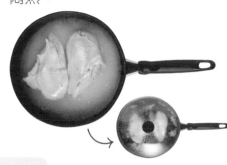

這是減肥最適合的食材

待冷卻後以廚房餐巾紙將水份擦乾，再以保鮮膜包裹起來。

Arrange Recipe - 3

香濃沙拉

🕐 料理時間 5分鐘
卡路里 494kca ｜ 鹽份1.5g

將以下材料依序拌勻，最後再放入1片萵苣葉作為盛盤之用

雞胸肉沙拉…1/2片
（切成寬2cm丁狀）
酪梨…1/2個
（切成寬2cm丁狀）

咖哩粉…1/2小匙
美乃滋…2大匙
醬油…1/4小匙

Arrange Recipe - 4

義大利冷麵

🕐 料理時間 5分鐘
卡路里 494kca ｜ 鹽份1.5g

※組合款食譜的食材份量皆為1人份

將以下食材拌勻

雞胸肉沙拉…1/2片
（切成2cm的丁狀）
綠紫蘇葉…2片（細切成小塊狀）
義大利麵…100g（依包裝指示煮開麵條，再放入冷水中使麵條冷卻，最後將水份瀝乾）

醬汁 🌀 拌勻

番茄…1顆
（切成1.5cm的丁狀）
鹽…1/2小匙
醋（或檸檬汁）…2小匙
橄欖油…1大匙

美味料理的致勝關鍵！「萬能調味醬」①

很適合當作生菜或冷豆腐的淋醬

大蒜＋麻油，促進食慾的好幫手

韓式開胃醬

🕐料理時間 5分鐘 ｜ 卡路里 79kcal ｜ 鹽份 2.2g

【保存期間】2週

材料和製作方法

酒…5大匙

鹽…1又1/2大匙

麻油…8大匙

大蒜泥…3瓣

1 將酒放入耐熱容器內，不需要蓋保鮮膜，放入微波爐加熱3分鐘。

2 放入鹽拌勻後，放置冷卻。

3 加入麻油和大蒜泥拌勻。

完成後的份量約為180㎖（12大匙左右）

1 將1/2根青蔥斜切成寬1cm左右段狀，雞腿肉1片（200g）切成易入口的大小。

2 將1小匙的沙拉油塗抹於平底鍋後開中火，將雞腿肉皮朝下煎4分鐘左右，再翻面煎2分鐘。

3 放入蔥段拌炒1分鐘，將鍋裡由雞腿肉所煸出的多餘油脂倒出，再加入1大匙的韓式開胃醬，拌炒2分鐘即完成。

讓雞肉和蔥段一起拌炒，會更容易入味

蔥爆雞肉

🕐料理時間 10分鐘 ｜ 卡路里 524kcal ｜ 鹽份 2.2g

 →

1 將100g的小松菜切成約4cm長段；1/2袋的豆芽菜洗淨後將水份瀝乾。

2 將步驟1的食材，放入耐熱容器內，蓋上保鮮膜後以微波爐加熱4分鐘。

3 取出蔬菜將水份瀝乾，加入2小匙的「韓式開胃醬」拌勻，再撒上辣椒粉即完成。

讓人停不下筷子的爽口蔬菜組合！當作配菜也很棒
韓式小松菜拌豆芽菜
🕐料理時間 5分鐘 ｜ 卡路里 79kcal ｜ 鹽份 1.5g

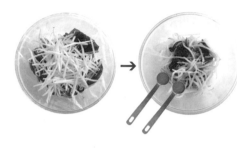

看起來清爽，吃起來香濃，充滿蒜香的美味料理
鹽味肉片豆腐
🕐料理時間 10分鐘
卡路里 522kcal ｜ 鹽份3.4g

一眨眼就完成了！

1 將100g的豬五花切成寬約4cm長的薄片；1/2盒的木棉豆腐（150g）分成3等分，1/2顆的洋蔥切成寬約1cm的條狀。

2 將步驟1的食材放入平底鍋內，再加入1/2杯水、1又1/2大匙的「韓式開胃醬」後以中火燉煮。

3 煮沸後將浮沫撈除，蓋上鍋蓋後再煮4～5分鐘，撒上黑胡椒即完成。

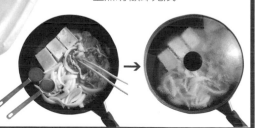

美味料理的致勝關鍵!「萬能調味醬」②

技巧 3

甜中帶辣的萬能調味料

媽媽味辣醬油

🕐料理時間 5分鐘 ｜ 卡路里 33kcal
鹽份 1.3g（1大匙）

【保存期間】2週

材料和製作方法

 醬油…4大匙　 味醂…2大匙

 紅辣椒…3條（切小塊）

砂糖…2大匙　酒…4大匙

1 在耐熱容器內倒入味醂和酒，不需覆蓋保鮮膜，直接放入微波爐內加熱3分鐘，再放涼備用。

2 倒入醬油、砂糖、紅辣椒後拌勻即完成。

完成後份量約為130㎖（8大匙左右）

可當麵條的沾醬或是作為湯頭使用！

---

1 將1包（100g）金針菇切成段（依長度分成3等分）；4朵香菇切成薄片。

2 在小湯鍋內放入步驟1的食材和4大匙「媽媽味辣醬油」後開中火，煮至沸騰後蓋上鍋蓋，再以小火煮3至4分鐘。在160g的白飯上，倒入1/5左右的香菇醬即可完成香菇拌飯。

［ 可以預先多做一些香菇醬，放在冰箱內可保存約1週左右。 ］

其實市售的香菇醬，在家就能簡單完成

香菇拌飯

🕐料理時間 5分鐘 ｜ 卡路里 286kcal ｜ 鹽份 1.0g

1 將1/2顆紅椒去除蒂頭與內籽後，切成3cm的丁狀；取1片雞腿肉（200g）切成3等分。

2 在平底鍋內倒入1小匙的沙拉油後開中火預熱，將雞腿肉放入鍋內（雞皮朝下）煎3至4分鐘左右，再翻面煎3至4分鐘。

3 加入紅椒拌炒1分鐘，將2大匙「媽媽味辣醬油」均勻淋到雞肉上再煎1分鐘，最後搭配上適量生菜即完成。

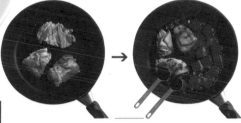

以醬油為基底，調出美味的照燒醬！

照燒雞腿
🕐料理時間13分鐘 ｜ 卡路里527kcal ｜ 鹽份2.7g

讓人回憶起媽媽的料理滋味(淚)。

1 將一顆馬鈴薯去皮，切成0.8cm的條狀；取5根四季豆切成段。

2 將1/2大匙的沙拉油倒入平底鍋內開火預熱，放入馬鈴薯條炒1分鐘；再放入豬肉片（100g）和四季豆後拌炒1分鐘。

3 加入3大匙「媽媽味辣醬油」後拌炒2至3分鐘即完成。

不用麻煩地切成細絲，大略切成條狀就好

簡易的辣炒馬鈴薯條
🕐料理時間10分鐘 ｜ 卡路里503kcal ｜ 鹽份3.7g

活用廚餘蔬菜

有些廚房裡棄置不用的蔬菜，也能再活用重生。
像是有些蔬菜根部，只要給予水份補給，就能繼續成長，
再生成為餐桌上的佳餚。讓我們運用家中的廚餘蔬菜，
開啟垃圾減量的環保運動，順便綠化居家吧！

無論是哪種蔬菜，都要放在有日照的室內，並記得每天補充水份！

(1) 日式萬能蔥

日本辛香料的代表「日式萬能蔥」，只要稍微花點功夫，就能簡單在家栽培，還能降低在外購買的次數，環保又實惠。

收穫期	10 ～ 20 天後
採收方式	將長長的綠葉剪掉即可
食用方法	作為辛香料使用

◀ 第1天
從根部起約5至6cm處剪斷，以直立的方式插入容器內，保持根部有水。

▶ 第7 ～ 10天
開始慢慢長長了！可將容器換為瓶子或杯子繼續栽培。

◀ 第15 ～ 20天
哇！這不就是完整的蔥嗎！？長至15cm時即可採收。

② 豆苗

「豆苗」就是豆類幼苗，當然能夠繼續生長。豌豆的嫩芽因應養豐富、生長短，建議可從豌豆開始！

收 穫 期	3～10天後
採收方式	將長長的嫩芽剪掉即可
食用方法	沙拉、燙青菜、炒青菜、湯品的配料

◀ **第1～2天**
從根部算起約3至4cm處剪斷，以直立的方式插入容器內。水量保持在根部能完全浸泡的狀態，但是豆芽處不可浸濕。

▶ **第3～4天**
豆芽漸漸長大，長約15cm左右。這時就可以食用了，以剪刀剪斷即可。

◀ **第7～10天**
越長越長，若説比市售的小黃瓜還要長，會不會有點言過其實呢！？

◀ **第1天**
從根部算起約3至4cm處剪斷，放入裝有水的器皿中，將切口浸濕，水量保持在根部能完全浸泡的狀態。

▶ **第7～10天**
葉子開始慢慢生長，嫩葉可直接食用。切除逐漸發黑的根部切口，再放回器皿中。

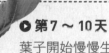

◀ **第15～20天**
青綠色的葉片開始延展變大！由於此時的葉片具有一定的厚度，所以可切成細末作為料理食材，莖部也是如此。

③ 白蘿蔔的嫩葉

要在家裡種植白蘿蔔是不可能的，但如果是白蘿蔔的嫩葉，那就完全沒問題了！白蘿蔔嫩葉有豐富的維他命和礦物質，也可以直接當作蔬菜使用。

收 穫 期	7～20天後
採收方式	將長長的葉和莖部剪掉即可
食用方法	可切成細末來炒菜或磨成汁使用

困惑時看這裡

切菜
備料的方式
MEMO

讓我們再溫習一次，
那似乎知道
但卻又不太確定的
切菜、備料步驟吧！

1

【半月形】以胡蘿蔔為例

先將根莖類食材縱向對切，再沿著切口處切成片，切片的厚度由指尖抵住刀面來控制，厚薄請依食譜標示下刀。因外觀與半月形相似，故以此命名。若將半月形再對切，就是「銀杏葉形」。

2

【切細條】以胡蘿蔔為例

首先斜切出0.3～0.4cm的薄片，再將4～5薄片重疊在一起，以指尖壓住重疊處，再沿著邊邊切出0.3～0.4cm的細絲。如果一開始是斜切出厚片，也可沿用此方式切成粗條。

3

【切塊／丁】以番茄為例

將蕃茄的蒂頭處置於左側後，從尾部切出番茄片，厚度請依標照標示，再依照同樣的厚度縱向切成條狀；切好的番茄片轉90度，以同樣的厚度切成丁狀。

4

【切絲】以高麗菜為例

將高麗菜一葉葉剝開後，先縱向對切，再橫向切三等分，將數片葉子重疊後，細切成絲。如果只需少量高麗菜絲時，用刨刀輕刮1/4顆高麗菜的切口，也很方便。

5

【月牙形】以番茄為例

番茄去除蒂頭後，從中央處以放射狀縱向切開，依標示切3～4等分。除了番茄之外，洋蔥等球狀食材也適用。

6

【切片】以鮭魚為例

魚皮朝上，以手指輕按，接著慢慢斜切出片狀。盡量讓每一片的厚度均等，方便料理時，整體較易同時煮熟或入味。

7

【滾刀切】以胡蘿蔔為例

從根莖類食材的前端處，以刀子斜切出易入口的大小，再依切口斜切出同樣尺寸的塊狀。切塊時不要改變刀子的方向，而是用手將胡蘿蔔轉到好切的角度。

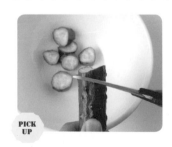

PICK UP

用廚房剪刀滾刀切

處理小黃瓜等質地較軟的根莖類蔬菜時，也可改用廚房剪刀。可邊轉動小黃瓜邊剪，滾刀的剪口面積較大，可讓食材更易入味。

【 切細末 】

| 8 洋蔥切細丁 | 9 青蔥切末 | 10 生薑、大蒜切末 |

將洋蔥縱向對切,切口朝下、順著洋蔥紋理每隔0.3～07cm切一刀(0.3cm可切成細末,0.7cm可切成粗末。

用刀的前端以間隔0.3cm斜切。

將薑或蒜去皮後,依纖維的方向,切成薄片。

接著,將洋蔥轉90度後,改成垂直洋蔥的紋理,每間隔約0.3～07cm切一刀,直到全部切碎。

將略切成片的蔥段,再細切成末。

用4～5薄片重疊,以手輕壓,再切成絲。

如果覺得太粗,可將洋蔥末鋪開,再壓住刀背前端來回剁細。

若想更細,可如同洋蔥一樣,將切好的蔥末鋪開再剁細。

翻轉90度,再細切成末。

PICK UP **連洋蔥頭都不浪費的切法**

1 將被切剩的洋蔥頭,蒂頭朝上,平放在砧板上。

2 以放射狀切開。

3 切成細丁。

PICK UP **以廚房剪刀剪出細末**

若只想在麵食上撒點蔥花,可用廚房剪刀!首先將蔥縱剪出8等分,然後直接剪成細末,連砧板刀具都不用。

1

【去除蔬菜根部的泥污】

蔬菜根部易沾染泥土與髒污，可先在整株蔬菜的根部，以刀劃出十字切痕，接著放入水中浸泡5～10分鐘左右，再以清水沖洗，就能輕鬆去除根部泥污。此外，葉片也能吸飽水份，更加水嫩。

PICK UP 當廚房水槽放不下洗滌大盆時

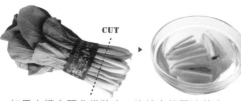

CUT

如果水槽空間非常狹小，沒地方放置洗菜盆，可以先從根部將整株蔬菜切開，然後把菜葉與根部分別放入小盆清洗。

2

【將青花菜分成小株】

可從莖部分枝處將青花菜切成小株。而剩下的粗莖可以在表面劃上數刀，有助煮熟或入味。

PICK UP 連粗莖都能吃？

青花菜的粗莖其實也能吃，只要把莖部過硬的外皮刨除，再將粗莖縱向切成寬約1cm的片狀，就可以一起料理食用了。

3

【取出南瓜籽與瓜肉內膜】

用湯匙一口氣將南瓜籽與內膜一次刮除。

PICK UP 瓜肉內膜應該要刮多深？

馬上就要吃　　幾天後才要吃

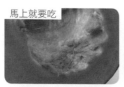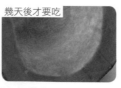

南瓜內膜可以吃的，所以處理南瓜時，若馬上就要下鍋，只要稍微刮除即可。如果並非立刻食用，為避免內膜的水份造成發黴現象，最好將內膜完全刮除，再以保鮮膜包起來冷藏。

4

【刮除牛蒡的粗皮】

將刀口前端垂直對準牛蒡，即可來來回回刮除外皮。若削太多，小心會降低食材的天然風味。

PICK UP 牛蒡粗皮應該削多少？

削皮前

削皮後

牛蒡無論怎麼削都是薄茶色，所以很難分辨是否OK。建議只要來回刮個1～2次就好。此外，用湯匙取代刀子也行。

5 【取出酪梨的籽】

將酪梨縱向對切後，沿著籽與果肉的邊緣劃出刀痕，再稍微左右旋轉將酪梨分成兩半，接著將刀刃根部插入籽內，再慢慢搖晃將內籽取出，外皮用手剝除即可。

PICK UP 如果不敢用刀刃取籽

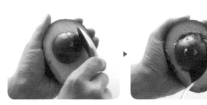

如果怕手滑割傷，不敢用刀刃插入取籽，也可改用大一點的湯匙，從籽與果肉的邊緣插入，再慢慢將籽挖出。

6 【去除芹菜莖部的粗纖維】

如果怕手滑割傷，不敢用刀刃插入取籽，也可改用大一點的湯匙，從籽與果肉的邊緣插入，再慢慢將籽挖出。

PICK UP 先去除較明顯的莖部粗纖維

芹菜在枝節處的外皮較粗硬，口感也不好，建議先拔除這些粗纖維。拔除方法很簡單，只要從枝節的內側折斷，再向外將纖維撕開；至於葉片下的粗纖維，只要順著斷口輕輕拉開，就能輕鬆去除。

7 【剔除雞腿肉的油脂】

雞皮和雞肉之間若有大塊油脂，料理完成後口感較不好。所以請在烹調前，先以刀尖剔除多餘的脂肪。

PICK UP 也可用料理剪刀來剔除油脂

 剔油前 剔油後

一般而言，料理剪刀可以輕鬆剪除油脂，特別是瘦肉之間的脂肪塊，用料理剪刀更容易去除。

8 【去除菇類的根蒂】

金針菇或香菇根部、鴻喜菇的莖部等，只要去除後就可使用。順道一提，若是新鮮的菇類，不需要水洗，只要拍除髒污即可。

9 【壓扁大蒜】

當料理想添加大蒜風味，可將大蒜放於砧板上，雙手分別握著木鏟的兩端，將大蒜壓扁即可，若上菜前想把大蒜挑出來也很方便。

「切」的方式

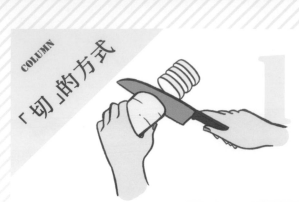

刀要怎麼握？

確實以五根手指穩穩握住刀柄，再將食指輕抵刀側，以刀刃中前端來切東西，這是最有效率的方式。

「站姿」其實很重要

身體距離料理台約一個拳頭寬，面向砧板，雙腳保持與肩同寬，右腳（拿刀側的腳）微微向外打開一小步。

按住食材時要用「貓掌」？

按住食材時，手最好能呈現「宛如貓掌般的弧狀」，但也不是沒有例外，像胡蘿蔔等食材，就要以指尖壓住，掌心彷彿空握雞蛋般呈現圓形。

幾片高麗菜疊在一起切絲時，就要用「貓掌」按住。

正上方端視食材和菜刀

切菜時，身體稍微往前傾，由上往下看清砧板上食材與菜刀。切菜時，刀刃要保持平穩，才能切得漂亮。此外，基礎要訣就是壓穩菜刀、順勢往下切開食材。

CHECK!

「當刀子變鈍時」

如果連番茄都不好切時，就表示刀子鈍了。這時可用瓷碗盤的粗糙圓底來磨刀，這是阿嬤都知道的生活智慧喔！

將碗盤翻面，底下鋪濕毛巾固定，就能安心磨刀。

① 刀鋒朝向自己，以指腹壓住刀身再往前磨，要將整個刀口都均勻磨到，大約要重覆8～10次。

②步驟①磨掉的金屬碎屑擦除後，接著將刀背朝向自己，由外側往內磨，磨到底時稍微把刀背往上抬，讓刀口磨利，約重覆2次即可。

廚房家事百科
NOW

想好好展開料理生活，端出乍看不起眼、卻相當美味的佳餚。

但是，有時不禁懷疑該怎麼做？怎樣兼顧效率？

為了解答大家常見的疑問，「廚房家事百科」開講囉！

NOW要教大家想知道的各種廚房實務，

特別是如何善用空間有限的小廚房，

這裡也都認真幫大家考慮到了唷！

小廚房的食材安置法

蔬菜洗好，直接放水槽

將洗好的蔬菜直接放在水槽內，不僅能增加料理的活動空間，也不需特別使用其他容器，減少清洗的步驟，可謂一舉兩得！但若水槽有沾到蔬菜的泥土等髒汙，記得要先將水槽沖洗乾淨。

體積較大的蔬菜，請先切一下再放進水槽

體積大的蔬菜，若直接放入狹小的水槽，不但不好放，有時還會超出水槽，不易處理。建議較大的葉菜類，可將葉片和莖部先分開，至於蔥或牛蒡等較長的蔬菜，可先對切。不論如何，請考量水槽大小，先將食材切成適合的尺寸。

隨時保持水槽清潔

將水槽視為料理台的一部份，「時常保持清潔」很重要。可在清洗餐具時，順便用沾有天然洗潔劑的海綿，將水槽清洗乾淨，水槽側邊也別忘了喔！

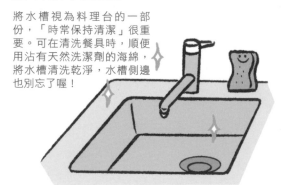

1

食材安置小秘訣

活用水槽吧！切菜前可暫放食材

下鍋料理前，常需先處理蔬菜等備料，若用到的食材種類較多，在狹小的廚房裡，很容易因空間不夠而苦惱。儘管將食材分門別類擺好，再依序下鍋較有效率，但會占用大量空間，比方瀝水盆放在水槽上的棚架，或是隨便散放，容易亂成一團……。

建議將水槽當作料理台使用，無論多麼狹小的廚房，一定都會有水槽。從冷凍庫中取出蔬菜，就直接放入水槽吧！「水槽活用術」的大前提就是，要時常保持水槽的清潔，禁止隨意將物品丟在水槽內久放，以免滋生細菌。

在狹窄的廚房中，放置食材和切菜的空間有限，
乾淨的水槽與可疊放的保鮮盒，是創造空間的好幫手！

2

食材安置小秘訣

先把食材清洗、瀝乾、分切，再用保鮮盒分類存放！

料理時，把洗淨或分切處理完的食材，攤放在水槽或砧板、盤器上，不僅佔用廚房有限的空間、也會降低效率。但若全部放在同一個容器中，也會妨礙按部就班下鍋料理……。

如果你也有同樣的困擾，那不妨試

試好用又便宜的市售保鮮盒。1人份的食材，約可準備1～2個15cm大小的保鮮盒，盡量挑方形、深平底的款式。將每種處理好的食材、或是不同料理步驟會用到的食材分類放置，很適合小廚房，請務必試試。

事先把食材整理好，讓料理過程更加順利

食材放入保鮮盒時，盡量不要水平疊放，而是要將各種食材分區整理好。如此一來，在料理時就能輕鬆取用，更方便順手。

盡量選購方正、可疊放的保鮮盒！

「堆疊」可有效節省廚房空間，保鮮盒盡量以形狀方正，可疊放的款式為主。調味料的收納或是冰箱的空間利用，也是同樣的原理。

保鮮盒盡量挑選同款式，使用或收納會更方便

保鮮盒又以能收納的相同款式為佳，除了整理方便，取用也很輕鬆。

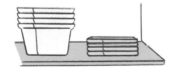

食材切完後直接堆在砧板上，容易影響下一道步驟，增加料理作業的困擾。建議切好的食材，都先挪進容器或保鮮盒，讓砧板空出來，可增進效率。

多準備幾個保鮮盒

處理蔬菜食材時，可多準備幾個保鮮盒，一個作為烹飪時的食材預備之用，其他則可用來保存多餘食材。只要一道功夫，就可以準備多次使用的食材。

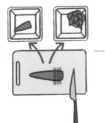

整理用剩的蔬菜，放進冰箱保存

料理後用剩的蔬菜，若只是隨便塞進冰箱角落，很容易忘記，甚至超過保鮮期。若處理後罵上分裝放入保鮮盒，在放入冰箱，更方便下次取用。

超小廚房也能創造料理空間

1

料理空間小秘訣

移動式收納櫃變身料理台

很多小廚房沒有料理台,這時不妨自己創造新空間。

附有輪子的縫隙櫃就很適合,不佔空間還可收納調味品、乾貨等,是一石二鳥的好選擇。尤其上方可選擇可放置美耐板、尺寸略大於砧板、高度不低於水槽(約80cm)的款式最適合,推薦塑膠材質。

多了這個縫隙櫃變身的料理台,做菜就會更順手了。

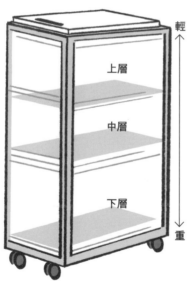

輕 ↑

上層

中層

下層

重 ↓

上層

這層可放常用的調味料,方便使用時不需彎腰。

中層

稍重的乾糧或雜貨可放這層,不僅取用方便,也可平衡收納櫃的重心。

下層

更重的罐頭或加熱食品,就放在最下層,可增加收納櫃的重心與穩定性,不會隨著料理作業搖晃。

為了確保砧板的穩定度,請選擇頂層完全平坦的款式

有些移動式收納櫃的頂層會附有手把,並不是完全平坦,若放上砧板還會滑動、傾斜等,要特別避免,並以能完整擺放砧板的尺寸為主。

將DIY的料理台放置水槽前,料理過程會更順手

改造完成的移動式料理台,很適合放在水槽前,試著將水槽當作料理空間之一,與料理台相互搭配。例如在水槽內洗乾淨蔬菜,就能移到料理台處理;剛切除的食材碎屑,也能順手丟入旁邊的塑膠袋,是不是很順手呢?

移動料理台也能當成上菜餐車

移動料理台也可以當成擺盤、上菜的小餐車,扮演多重角色,很實用。

小廚房連放砧板都放不下，不如DIY打造移動式料理台吧！
為了讓料理過程更順手，得先找出所需的料理空間。

碗盤瀝乾架並非必備

只是為了瀝乾碗盤而特別去買瀝乾架，不但佔空間而且沒效益。其實只要多準備一條乾淨的毛巾或抹布，在洗完碗盤餐具後先擦乾，或是把平底鍋放在爐具上用來瀝乾碗盤，既可節省空間，也方便取用。

用小碟子放菜瓜布就夠了

在有限的水槽空間裡，不用加掛菜瓜布收納架，只要放在小碟子上，使用或清潔都很方便。

以小塑膠袋取代三角收納盒

當料理份量不大，廚餘也不多，只要使用小塑膠袋隨手裝起來，最後再綁好丟棄即可。三角型廚餘盒反而容易延長廚餘堆放的時間，佔空間又容易造成腐敗、滋生蚊蟲。

有了吊孔「掛著就能風乾」

只要是鍋鏟、湯杓、料理夾等附有吊孔的烹飪器具，都能以S掛鉤輕鬆掛起來，不用特別找地方收納。

2

料理空間小秘訣

廚房空間有限，別買太多非必要的器具

在購入每件料理器具時，是否以「不可或缺」的心態來審視呢？有些廚房器具或工具，不僅使用的頻率很低，也有其他替代方式，若一時衝動買下來，反而對狹小的廚房空間造成妨礙。因此結帳前，請務必三思！

例如碗盤瀝乾架，只要用乾淨毛巾或廚房抹布就能替代；而三角廚餘收納盒的功能，也只要用小塑膠袋就能解決；甚至不用多買菜瓜布掛架，用小碟子就行。為了廚房料理空間的有效分配，購買廚房用具時，請一定要嚴格慎選！

提升廚房善後清洗的效率

1

善後清洗小秘訣

用過的烹調器具，集中一次洗滌

在料理途中停下來洗量匙、料理筷、鍋鏟等器具，很沒效率。可先將器具集中，等煮完再一次洗乾淨。但注意千萬不可任意堆置！因為臨時想用水槽時，這些東西就會造成阻礙了！

只要在廚房內擺上一個小烤皿之類的容器，就能將用過的量匙、料理筷等先集中放置，等煮完再一次清洗即可。這樣既可避免料理空間不夠大，也不需要邊用邊洗邊收納，就算要再次使用，也很方便拿取。

長度較長的料理器具，可靠著牆壁擺放。

常使用的量匙，待要使用前再沖一下水就好了，用完記得要放回原位。

若收納料理器具的容器太深，使用跟清潔起來會有點麻煩，建議選用較淺的小烤皿即可。

經常使用的量杯、量匙也可以放在附近。

洗一下蔬菜食材，把煮義大利麵的水瀝乾，不知不覺中，水槽內已經順手丟滿了用過的料理器具。

用過的餐具，要立刻清洗乾淨喔！

狹小的廚房內，一不小心就被待清洗的物品給堆滿了，
在此傳授給你，在狹小廚房內也能有效率清潔的秘訣。

杯類

請從玻璃杯、馬克杯、茶杯等，沒有沾染上油污的食器開始清洗。

▼

飯碗

將飯碗放在水槽的角落，裝入溫水與清潔劑後浸泡一會，方便沾黏在飯碗上的飯粒脫落，也可將筷子插入碗內一起浸泡。

▼

沒有沾到油的食器

接著清洗製作沙拉或調和醬汁的湯匙等，以沒有沾到油的食器，或是只沾到少許油的食器為優先。

▼

鍋具和食器要分開洗

沾有大量油脂的鍋具，可等食器都清洗完畢後再放入水槽，以免鍋具的油污，讓食器、餐具更難清洗。

▼

平底鍋和小湯鍋

最後才是平底鍋（炒鍋）跟小湯鍋。而料理時所使用的鍋鏟，料理筷等，也在這個階段一起清洗。

別忘了水槽內也要清洗乾淨

水槽和料理器具或餐具食器一樣，都需要清洗乾淨。所以最後請務必要以菜瓜布沾取食器用清潔劑，將水槽連同水槽內側都用水沖洗乾淨。而水龍頭沖不到的位置，就以廚房抹布或海綿擦拭乾淨即可。

如果將沾滿油污的平底鍋丟進水槽裡，等到用暢後要清洗餐具食器時，就會變得很麻煩了。

2
善後清洗小秘訣

開始用餐前，就注意維持水槽的整潔度

很多人煮完東西，常會將沾滿油污的鍋具往水槽一扔，就先去用餐。等吃完飯要清洗時，才發現水槽和餐具都沾滿鍋具的油污，平白增加洗滌困難。所以切記要把用完的鍋具先擱在瓦斯爐上，等餐具都洗完再來洗鍋子。

清洗餐具、食器的黃金原則，就是先洗沒有油污、或油污少的東西，如杯子、碗筷，再洗裝菜餚的碗盤，最後才洗平底鍋跟水槽等。別讓鍋具的油污，透過菜瓜布沾染到較無油污的杯碗筷上。

廚房抹布的使用與選擇

【廚房抹布的基礎知識】

廚房抹布用完後，要再洗一次才晾乾！

廚房抹布使用完畢後，千萬不要隨便搓揉幾下就堆在水槽邊，這樣不行喔！記得要養成每天以天然殺菌洗劑清洗抹布的好習慣，才不會滋生細菌、影響廚房料理的乾淨與衛生。尤其洗完抹布，一定要擰乾後攤開晾乾，才能保持清潔。

用酒精來消毒殺菌

不是每天下廚，也不確定廚房是不是都有維持乾淨？那就在使用廚房前，先用酒精來消毒吧！只要拿市售酒精加個噴嘴，就能用來消毒殺菌，些微殘留對食物也不會有太大影響（譯注：請注意遠離火源）。

抹布還是白色最好

色彩豐富、有花俏圖案的抹布，不容易發現上面的髒污。白色的廚房抹布，可輕易看見污漬或霉斑，才能適時加強清潔或替換，是廚房抹布最好的選擇。

抹布是消耗品，只要平價好用即可！

選購抹布時，只要挑選平價好用的即可，一旦有髒污破損，就算立刻換新的也不會心疼。如果買了太高級的抹布，為了捨不得換新而硬撐著長期使用，反而會影響到廚房的衛生安全！

選擇通風良好的地方來晾曬

抹布清洗乾淨後，請放在通風日曬良好的地方來晾乾。如果有足夠的日曬能消毒當然很好，但如果室外灰塵較多，放在室內通風處也行。

1

廚房抹布小秘訣

廚房或水槽清理完畢後，要再洗一次抹布才晾乾

由於廚房抹布會直接接觸到料理的餐具食器，所以一定要時時保持清潔，才不會滋生細菌、影響飲食安全。選購時要盡量挑白色的款式，並在使用後單獨再清洗一次，且放在通風日曬處晾乾，才能避免廚房抹布藏污納垢。

審訂：YAMI

不論是用來擦拭餐具、清潔料理台等，廚房抹布都是料理時都不可或缺。
但廚房抹布真的乾淨嗎？要怎麼挑選？如何確認是否清潔呢？

2 依照用途不同，選用不同素材質、大小的廚房抹布

廚房抹布小秘訣

用來擦拭餐具食器、用來清理台面餐桌、用來洗滌水槽或清潔廚房家電等，這些雖然都是廚房抹布的用途，但依據不同的用途，廚房抹布的材質與功能性，也各有不同。尤其每個人的習慣與順手與否，都有不同的考量，還是要挑選適合的廚房抹布，才有效率。

尤其有些廚房抹布的使用方式，會直接碰觸到餐具或食材，如果沒有予以分類或加強清潔消毒，反而會成為廚房衛生安全的隱形威脅，不如使用廚房紙巾還來得更安全方便！

【食器用抹布】

棉布或亞麻材質

食器或餐具用的廚房抹布，建議選擇吸水性高、不容易起毛球的款式。如果無法兩者兼具，就選擇平織的棉料或亞麻材質。

30×60cm大小

在擦拭大形盤器或料理道具時，尺寸太小的抹布會不好拿，且擦拭效率也不高，因此建議使用30×60cm左右的細長款抹布，可以輕鬆擦拭較大的物品。

每三天徹底清洗一次

廚房抹布若使用完馬上清洗晾乾，就會滋生細菌，甚沾染到餐具或食材上，最好每天用天然清潔劑清洗晾曬，不然至少每三天也要洗徹底清洗一次。

【食材用廚房紙巾】

吸取肉類和魚類食材的多餘水份

用廚房抹布擦拭魚類、肉類或海鮮食材時，會因為肉汁、血水等，讓抹布容易發臭或滋生細菌，不如使用即擦即丟的廚房紙巾來代替。

吸取蔬菜食材的多餘水份

長期使用廚房抹布來擦拭蔬菜類食材，也是細菌滋生的一大元兇，同樣還是建議以廚房紙巾來替代，會比較讓人安心。

【擦拭用抹布】

棉質或嫘縈（Rayon）

擦拭水槽、台面或餐桌用的廚房抹布，主要功能都在於去除髒污、油漬等，因此好洗、易乾的材質就特別重要，其中又以吸水性佳的棉質與嫘縈最適合。

30×30cm的大小

尺寸太大的廚房抹布會不方便揉洗與擰乾，所以為了可以多次、快速的擦拭台面或餐桌，選擇30×30cm大小的抹布最為合適。在使用時可以先對折兩次，等其中一面擦髒了，再換另外一面使用。

粗織款

廚房抹布在使用時，髒污多半會卡在抹布的纖維交叉處，所以為了達到方便清洗的效果，建議選擇抹布纖維密度較粗的「粗織款」。而以「拼布方式」製作的抹布，由於髒污會卡在縫線的空隙處，並不適合拿來當成廚房抹布使用。

增加冰箱的效能

1

增進冰箱效能小秘訣

不耐凍、不耐壓的葉菜類食材,可放在冰箱門上

葉菜類食材不耐凍也不耐壓,在冰箱內多放個兩天就會枯萎發黃,十分難以保存。所以像是小松菜或青蔥之類的葉菜類蔬菜食材,可以保持豎直的狀態,用餐巾紙沾濕包起來後擺在冰箱門的飲料架上;而其他耐放的根莖類蔬菜食材,則可以擺到冰箱下層冰藏,以方便拿取。

而魚類或肉類對於保鮮的要求較高,因此要放在接近低溫風口的位置。並且魚、肉、海鮮類的食材,與蔬菜類的食材要間隔較遠的距離,才不會讓氣味相互干擾。可參考本篇的作法,將冰箱整理成容易拿取的食材收納空間。

將容易被壓壞的蔬菜,可連同空氣一起包入夾鏈袋內

蔬菜在冰箱內的收納鐵則是:重的蔬菜食材往下層放,而容易被壓壞的葉菜類和菇類,則連同空氣一起包入夾鏈袋內,防止碰傷。

蔬菜冷藏室的最上方,放切好的青菜和雞蛋

將使用過的蔬菜食材放入保鮮盒收納,以便下次使用;雞蛋則可以整盒直接放入冰箱。蔬菜保鮮盒和雞蛋都要放在蔬菜冷藏室的最上層。

較長的葉菜類採直立收納法

較長的葉菜類可豎直放在冰箱門的飲料架內,只要根部以沾濕的廚房紙巾包裹起來再放入塑膠袋內,就能大幅延長蔬菜的新鮮度。

肉類、魚類放在低溫處

魚類或肉類需要低溫保鮮,所以可用保鮮膜包起來後,放在冰箱的低溫風口處。但記得不要重複使用保鮮膜,以免細菌滋生。

保特瓶可平放冰箱隔層內

雖然冰箱門有提供飲料放置的空間,但為了葉菜類的食材保鮮,還是把飲料架讓給青菜吧!保特瓶只要拴緊瓶蓋後,就算平放在隔層內也無妨。

已經開封的調味料

醬油、麵味露等調味料開封後,為了避免走味,請一律放入冰箱內。可盡量集中擺在冰箱門架上,一打開冰箱就能方便取用。

處理好的大蒜和生薑,也放在飲料架上

預先把大蒜一瓣瓣剝開,等到要料理時就會方便很多。由於剝開後的食材容易長芽,所以請放入保鮮盒內,再擺到冰箱門架上。

小容量的冰箱一下子就會被食材所塞滿，而且冰箱內的食材若沒保持適當間隔，也很容易會碰撞損傷，所以收納時，請從食材的空間配置開始思考！

以紙袋保存食材

像馬鈴薯、洋蔥等食材，就算放在室內常溫下也完全沒問題。但記得不要直接使用超市的塑膠袋來包裝，而是改用能透氣的紙袋，確保食材能保持通風。

夏季蔬菜可放在冰箱外的通風陰涼處

當冰箱不小心被塞爆時，像小黃瓜、青椒等夏季蔬菜，就可以暫時移到冰箱外的陰涼通風處，把冰箱空間先讓給其他更需要冷藏的食材。而夏季蔬菜在冰箱外的保存期限，如果是常溫25度左右、太陽不會直射的通風陰涼處，可擺上兩、三天。

要放熟的水果可以不用進冰箱

像香蕉、奇異果等，會隨著時間變熟而增加甜度的水果，如果放進冰箱內就會停止變熟。所以這類的水果，也只要放在籃子裡，擺置在室內的通風陰涼處即可。

放入杯子裡保存

沒用完的羅勒、香菜、青紫蘇等葉片，可以放進水杯中保存。只要倒入高約2到3cm的清水，再將葉片的莖部插入水中，會比放冰箱裡還能保持香料的新鮮度。也可以放在廚房的一角，作為綠化之用。

2

增進冰箱效能小秘訣

有些食材不需要硬塞入冰箱

不論是為了保鮮、不讓調味料走味或害怕蔬果損傷，很多人以為只要一股腦全塞進冰箱就好，不過冰箱若是塞滿，冷空氣無法流動，不僅耗電，冷藏效果也大打折扣。尤其小冰箱空間小，更應嚴選食材，才能有效利用！因此要對自家冰箱的空間有概念，採購時就要一併思考存放問題，才能減少食材過期的浪費。

有許多食材，如馬鈴薯或根莖類蔬菜、冷藏就會停止熟化的瓜果，或是以水杯插枝就能延命的香菜等，只要找對方式存放，就算不放進冰箱，也能多保存好幾天！

水槽下方收納技巧

NG

OK

【在水槽下方收納食物要注意】

粉類食材或調味料

由於擺在水槽下方的袋子容易受潮破裂，而粉類的食材或調味料又會因為潮濕而結塊，且容易變質或吸附其他物品的氣味，加上麵粉又容易長蟲，所以放在水槽下是絕對NG的。

乾貨

羊栖菜、蘿蔔乾或茶葉等，經日曬或脫水處理過的乾貨食材，最怕的就是潮濕。

開封過的食材

食材或調味料，例如義大利麵條或砂糖等，只要一開封使用，無論怎麼收存都無法恢復密封的狀態。一旦放在水槽下，很容易就因潮濕而變質、長蟲了。

米

由於還沒煮的袋裝米，不論開封與否都容易因久放而長出米蟲，所以更要避免放在潮濕的水槽下面。

水槽下方的收納缺點

容易潮濕、容易長蟲，同時也容易產生惡臭。

米要放在乾燥的地方

開封過的米，最好能放在冰箱裡；而米粒較細長的泰國米，則可以放在保鮮容器中收存。

瓶裝容器

食用油等日常所需使用的瓶裝類物品，即使是開封過，只要瓶蓋還能拴緊，暫時放在這裡就無妨。而大容量的儲水桶，也可以一併收納進來。

罐頭、罐裝飲料

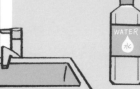

和其他的瓶罐類一樣，只要是處於密封的狀態就沒問題。此外，可別丟著就不管了，有些罐頭金屬可是會生鏽的！

食物調理包

由於食物調理包的外包裝或容器，大多是紙製或塑膠材質，若直接放進水槽下方，容易因潮濕造成外包裝破損，所以建議準備個收納的籃子集中擺放。

只要多花一點功夫就OK

1

水槽下方收納小秘訣

並不是所有食材都適合收到流理台的水槽下面

對於收納空間嚴重不足的小廚房而言，水槽下方，可說是個寶貴的可用空間。因此有些人只要水槽下還有空位，就會把用剩的食材或調味料、乾貨等，一口氣的往裡塞。但其實水槽下方，並不是個收納食材的好地方。一方面是因為排水管

經過，造成濕度較高；偶爾使用熱水時，還會讓水蒸氣在裡面四散。再加上排水管容易藏污納垢，不僅會有異味，也容易滋生居家害蟲。所以萬不得已，不要把食材放在此處；就算非要不可，也一定要慎選收納容器，同時多留意食材狀況。

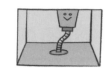

被視為重要收納空間的水槽下方，其實濕氣很重，
是個格外需要注意的收納空間。
放置物品前，請務必先確認該物品是否適合收納於此。

2

水槽下方收納小秘訣

水槽下方，該怎麼有效運用呢？

水槽下方空間，由於有水槽排水管的經過，被分為內、外兩塊。內部空間位在較深的位置，所以拿取物品時，必須要彎腰或蹲下將手探入底部才能拿到，較適合收納一些季節性或較少使用的器具物品；而外部空間則可以將常用的料理器具，分門別類做收納。最好能簡單規劃一下分區的收納位置，連物品的高度都一起考慮進去，就能有效運用水槽下的畸零空間，增加收納效率。

不容易拿取的內側空間，可以放一些季節性的器具

將土鍋、卡式瓦斯爐等季節需求明顯的廚房用具，收納在水槽的下方內側。但如果發現，有些廚房用具已經一年以上沒使用，之後也很少機會使用到，則請重新思考是否有繼續收納的必要！

多加個小層架，就能有效利用上方空間

只要在水槽下方的空間，多放一個ㄇ字形置物架，就可以成為疊放平底鍋或小湯鍋的方便空間。而置物架的下方，則可以用收納盒，集中收放罐裝調味料等物品，整個收納盒移出移入，也方便使用與空間清潔。

哪些東西要放在靠外側的順手處呢？

必須經常使用的日用品或備用食材等，若放到不易被發現水槽內側，很容易就被忽略了！所以請盡可能地往水槽下方外側順手的地方來收納擺放，如此一來，還能隨時目測評估這些日用品的消耗速度。

收納塑膠袋的好地方

使用頻率非常高的塑膠袋，一不小心就會散落在廚房各處。所以請在水槽下，為塑膠袋準備一個固定的收納區域。此外，為了方便取用，也建議將塑膠袋一一折好後，再放入收納區。

較寬的物品請直立收納

平底鍋的鍋蓋或料理收納盒等較寬、或面積較大的物品容器，只要加個收納架或雜誌架，就能直立擺放收納在水槽下。

NG! ✕

不要放入會發霉的物品

有些木質鍋鏟、料理筷或木製烹調道具等，在收納時保持乾燥是非常重要的。若堆放在水槽下方，不僅不容易晾乾，還會滋生霉斑、霉菌，所以非常不適合放在這裡。

如何保存調味料、油品與粉類

1

保存調味料小秘訣

先找出最適合保存的地方

近年來的調味料、醬料與油品等，紛紛講求天然成份、不含防腐劑，但也因此在保存條件上有比較多的限制。一般來說，調味料、醬料與油品還是建議購買小包裝，在開封後短時間之內用完；但若沒有立即用完，也要盡量收入冰箱冷藏，會比較讓人安心。

如果非要放在室內常溫中，請記得要放在通風陰涼處避免陽光直射，也不要放在高溫的瓦斯爐邊或潮濕的水槽下方，都會讓食材容易變質。

【建議放入冰箱保存的物品】

冷藏室

醬油、味醂、醋、橘醋、燒肉醬、麵味露或各色醬料等，只要開封過，就請放入冰箱內保存，既可避免氧化，也能避免變質走味。尤其記得每次使用完之後，要以廚房紙巾將瓶口處擦拭乾淨。

冰箱門上的飲料架

美乃滋在過高或過低的溫度中，會產生油水分離，所以放在溫度稍微高一點的冰箱門飲料架上。此外，保存時要盡量把瓶內空氣擠出後才拴緊瓶蓋，避免氧化，而蕃茄醬和芥末醬等軟瓶醬料的保存方法也相同。

開封後的味增也請放入冰箱內。且為了避免氧化、發霉或水份散逸後乾掉，可在表面包保鮮膜（或白報紙）來覆蓋密封。

粉類食材中的麵包粉和大阪燒粉等，容易滋生粉蟲（壁蝨），所以也請放入冰箱冷藏，若能以夾鏈袋密封更好。

【建議放在常溫中保存的物品】

砂糖、鹽等調味料，即使放是在常溫中也能久放，就只怕潮濕會結塊，所以請分裝到密閉的容器或密封罐中保存。

酒精成份較高的調味料，放在常溫下也沒問題。但味醂風味的調味品因酒精濃度較低，保存效果較差，最好放在冰箱比較安全。

沙拉油、麻油以及橄欖油等油品，可放在常溫中保存。只是氧化後風味會有影響，所以盡可能要在開封後一個月內使用完畢。

將麵粉在冰箱與常溫之間移出移進，容易因溫差而產生冷凝的水珠，進而導致麵粉長蟲、發霉。因此，建議可以把麵粉放進夾鏈袋中，收納在室內陰涼通風處即可，不用放進冰箱裡。

帶有顆粒的雞湯粉，請放入密閉的容器或密封罐中保存。此外，當要將雞湯粉放入沸騰的鍋中時，可以乾燥的湯匙輕舀放入，容器裡千萬別沾到水份。

調味料竟然在不知不覺中變質了！為了避免這樣的情況產生，
請再一次確認調味料的保存場所與保存方法是否正確。

【注意的重點】

打開時若聽到「啵」的一聲，就代表NG

如果打開調味料時，聽到像是開碳酸飲料般「啵」的一聲，那就請別再使用這罐調味料了。因為這可能是調味料內的微生物發酵，所產生的二氧化碳。

請紀錄開封時間

在把新買來剛使用完畢的調味料收進架子前，請先把開封時間給記錄下來。可以在紙膠帶上，以油性鉛字筆記錄開封的時間，並黏貼於瓶身或包裝外，就能確實把握調味料的開封時間。

確認香味和狀態是否正確

即使自認為已經努力的做好保存收納工作了，這些開封過的調味料，還是可能因為過度發酵或受潮，而導致發霉或變質。因此在使用前，請先確認調味料的香氣或內容物的狀態無誤，再予以使用。

【這樣，沒關係嗎？】

結塊的雞湯粉

原本是顆粒或粉狀的雞湯粉，可能會因為濕度偏高，所以受潮結成塊。但這完全不會影響到雞湯粉的風味，只要在使用前充分搖晃，將結塊的部份搖散即可。

油水分離的美乃滋

當美乃滋明顯分成兩層，上層是透明油脂，下層呈現乳白或乳黃色，這就表示它已經因為溫差而油水分離了，這是變質的象徵，無法復原也無法使用，只能丟棄了！

變色的味增

如果已開封的味增表面沒有用保鮮膜或白紙封起來，接觸到空氣的地方就會因為水份流失與氧化，導致顏色變深，此時只要把顏色不同的地方刮掉，就可以繼續使用。

變混濁的麵味露和橘醋

當麵味露或橘醋變濁，可能是因為細菌或黴菌所致，雖然有點可惜，但還是請丟掉吧！

醬油變黏濁

當含有醬油的調味料產生氧化與變色的梅納反應（Maillard reaction），會使得調味料的香味減少，但並非不能繼續使用，只要加熱後一樣沒問題。

沒有香味的料理酒

由於料理酒中含有酒精成份，比較不會滋生細菌。所以就算已經沒有料理酒的香氣了，只要沒有產生惡臭，就可以安心使用無妨。

2

保存調味料小秘訣

使用前先確認味道、香氣等狀態

即使保存的方法完全正確，但不論哪種調味料，還是要遵守「開封後，盡快使用完畢」的原則。基本上，開封後一個月內用是比較安全；如果真的用不完，下次記得買小包裝的份量。

此外，當調味料第一次開封使用時，最好先觀察一下它原本的香味與狀態。如果之後使用，發現與第一次開封時的香氣、狀態都改變了，那很可能就是壞掉或變質，千萬不要再使用。

無臭的生鮮廚餘處理法

胡蘿蔔、白蘿蔔或各種根莖類食材所削下來的皮，以及青椒、蕃茄等瓜果所切下來的鬚根或蒂頭，只要用塑膠袋裝起來，就可以拿去堆肥或丟棄。

超市買回來的菇類或水果，常會使用保麗龍包裝，只要把這些保麗龍盤具，放在裝廚餘的塑膠袋底部，就能讓袋子直立站好，不會因為東西多就東倒西歪。

蔬菜或瓜果所削下的外皮一旦沾濕，就會氧化、腐壞，進而發出惡臭。所以在削皮或去皮時，請在砧板或料理台上進行作業，不要直接削進潮濕的水槽裡。

將裝著廚餘的塑膠袋放入垃圾袋內一起丟棄時，如果能將裝著廚餘的塑膠袋袋口綁緊，即可預防異味的產生。

【將塑膠袋綁緊，也能避免異味產生】

水槽的排水口一定要套上濾網。建議使用細網目、長條狀的款式，即可有效地將廚餘收集起來。

1

處理廚餘小秘訣

花點功夫別讓蔬菜碎屑與濕廚餘混在一起，即可避免產生異味

乾燥的垃圾，基本上是不會發臭的，所以只要不讓「生鮮廚餘」碰到水份，就能有效避免惡臭發生。而最簡單的方法就是：盡可能在料理台上作業，不要隨意讓廚餘掉進潮濕的水槽裡。買菜時所帶來的塑膠袋，可以放在料理台旁裝廚餘，既能隨切即丟，又能避免廚餘潮濕，順手又方便。而不論是廚餘袋或水槽濾網，丟棄時只要綁緊袋口，就可以確實避免異味發生。

＊譯注：本章處理方式主要是依照日本國情，讀者可根據當地的垃圾回收規定自行調整。

下班回到家時，如果屋子裡充滿了廚餘的異味，會讓人疲憊感倍增！
為了預防這樣的狀況，請再次確認料理後的廚餘，是否都有正確處理了？

2

處理廚餘小秘訣

垃圾桶的容量至少要有20公升
請挑選不容易沾染氣味和好清洗的款式

讓垃圾長時間積存在家裡，是異味與惡臭發生的一大主因，因此要避免惡臭，從垃圾桶的尺寸開始，就要謹慎選擇。如果是單身或兩人的小家庭，可選擇20公升容量的垃圾桶，搭配30公升容量的垃圾袋，如此一來，就算稍微延誤清理垃圾的時間，也還有容納垃圾的餘裕。

至於垃圾桶的材質與外型，請選擇重量輕又好清洗的塑膠材質，搭配單純無死角的圓形或方形，可有效避免藏污納垢。垃圾桶在清洗時，其實也不需要拿刷子用力刷，只要用少量的水，加上一點點清潔劑，輕輕搖晃就能去除大部分的髒污。當垃圾桶能長時間的維持乾淨，就彷彿是「垃圾桶之神降下恩惠一般」，心情也會清爽了起來喔！

【挑選垃圾桶的技巧】

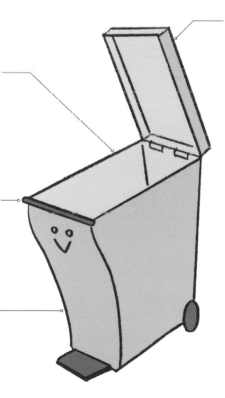

可挑選方形或圓形，以容易一眼看見髒污的白色為最佳

垃圾桶沾染了頑垢髒污，正是異味發生的原因之一，因此建議挑選容易清洗且無死角的方形或圓形款式，可以降低清洗難度，保持垃圾桶的乾淨。而淺色系的垃圾桶由於髒污較明顯，會促使使用者頻頻清洗，也會避免異味發生。

輕量且不易生鏽的塑膠材質

不鏽鋼或金屬材質的垃圾桶，不僅容易沾染氣味，而且又重也容易生鏽。因此首推能強力對抗異味，不會生鏽又輕的塑膠製品！

容量剛好是20公升左右

不論是1個人或2個人的居家生活，都適合使用20公升容量的垃圾桶，並搭配30公升容量的垃圾袋，在丟垃圾時，只要直接拎起來打包就可以。此外，丟棄前將垃圾袋袋口綁緊是基本禮儀。

垃圾桶最好是附蓋子，但不需用手掀開的款式

選擇有蓋子的垃圾桶，可防止垃圾的氣味飄散。而且在垃圾桶的蓋子上，還可以放上除臭或乾燥劑、甚至是新鮮的迷迭香，用來避免惱人的臭味。此外，下廚時為了保持手部的乾淨、或避免弄髒垃圾桶的蓋子，可以選用能自動開關垃圾桶蓋的款式（電子感應或腳踏等），在使用上會比較乾淨、方便。

家裡人數不多卻使用大型垃圾桶，會導致垃圾長時間堆積，因而產生惡臭。

Column 3

便利商店的熟食
Re:born
餐點升級

非常疲憊的日子，就將晚餐交給便利商店或超商的熟食區吧！如果覺得這樣直接吃會有點空虛，不如花一些小功夫，讓熟食區的現成食物 RE：Born重生為居家美食，同時也讓疲憊身心得到大大的滿足。

可樂餅 Re:born

一吃就上癮的雞蛋丼飯

❶1/4顆洋蔥切薄片、1又1/2大匙的麵味露（稀釋成3倍）、120ml的水，一起煮開。❷用小火將洋蔥煮到變軟後，再放入1片切好的可樂餅，再淋上2顆雞蛋打成的蛋汁，蓋上鍋蓋悶一下。❸蛋汁煮熟後，連湯帶料淋在白飯上，撒上細蔥花即可。

炸雞塊 Re:born

清爽可口的
小黃瓜炸雞塊丼飯

❶將1/2條小黃瓜壓碎成易入口的大小。❷將小黃瓜放入料理盆內，再加入蔥末（將約5cm長的蔥段切碎），倒入2大匙的日式橘醋醬油、1/2小匙的麻油、1/2小匙的辣油後拌勻。❸將4塊炸雞塊加熱後切成小塊，放在白飯上。❹淋上步驟❷所製作的調味料即完成。

關東煮 Re:born

傳說中的關東煮烏龍麵

❶在便利商店購買關東煮時，順便多裝一些高湯。❷依照冷凍烏龍麵包裝指示，將麵條加熱。❸把麵條放入關東煮內，最後撒上日式柚子胡椒粉就可以食用了。

PART

3

就算睡過頭
也能完成的早餐

許多人常因貪睡而不吃早餐。
但是即使只吃一點點，早餐還是有助於增進工作和讀書的效率，
這裡就要介紹許多就算沒時間也能輕鬆完成的早餐，
請一定要試試看喔！
只要掌握早餐，就能掌握一整天！（大概）

馬克杯料理
只要微波一下就能完成的美味湯品

如果你平常「早上只喝果汁」，
何妨開始試試看馬克杯熱湯呢？
只要將食材放入馬克杯，
微波一下就完成了，
就算閉著眼也能輕鬆料理。

據說番茄具有消腫的效果

使用1整罐番茄的熱湯

🕐 料理時間5分鐘 | 卡路里108kcal | 鹽份1.7g

將食材放入馬克杯中，
以微波爐加熱後拌勻即完成。

🍲 蓋上保鮮膜　　🌊 微波爐加熱1分30秒～2分鐘

萵苣葉…1/2片
（以手撕成易入口大小）

橄欖油…少許

維也納熱狗
…1根
（以料理剪刀
剪成3等分）

罐裝番茄汁
（含鹽）
…1罐（190g）

Finish memo
將 1/2 根萬能蔥
切成細末後
撒在湯上

適合宿醉的早晨

吻仔魚海苔雜炊

🕐 料理時間5分鐘
卡路里153kcal｜鹽份1.6g

將食材放入馬克杯中，
以微波爐加熱後拌勻即完成。

🍚 蓋上保鮮膜　♨ 微波爐加熱 3分鐘

冷凍白飯
…80g

水
…1又1/2杯

烤海苔
（8片裝）…2片
（撕成易入口大小）

日式雞湯塊
（顆粒）
…1小匙

吻仔魚
…1又1/2大匙

又濃又甜的好滋味

奶油通心粉濃湯

🕐 料理時間7分鐘
卡路里149kcal｜鹽份2.6g

將食材放入馬克杯中，
以微波爐加熱後拌勻即完成。

🍚 蓋上保鮮膜　♨ 微波爐加熱2分鐘

→ 充分拌勻

→ 🍚 蓋上保鮮膜　♨ 微波爐加熱1分鐘

Finish memo
撒上少許的
粗粒黑胡椒

火腿…1小塊
（切成1cm
的丁狀）

奶油…5g

通心粉
（可快煮3分鐘
的款式）…20g

歐風雞湯塊
（顆粒）
…1小匙

水…1杯

鹽…少許

在吐司上
放餡料
烤一下就OK

雖然單吃吐司也不錯，
若能放上豐富的餡料，
感更能提升滿足感！
擺好蔬菜或水果，
再交給小烤箱就行。

像塗果醬一樣鋪上小番茄

蜂蜜起司番茄吐司

🕐 料理時間6分鐘 | 卡路里334kcal | 鹽份1.4g

1. 在吐司上塗抹蜂蜜芥末醬。

蜂蜜芥末醬
┌ 蜂蜜…1大匙
└ 顆粒狀黃芥末…1/2大匙
吐司(薄片)…1片

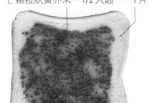

2. 鋪上小番茄。

小番茄…5顆
(對切)

3. 撒上起司後放入小烤箱。

🔲 小烤箱加熱3～4分鐘

披薩用起司絲…20g

Finish memo

可擠上少許
檸檬汁。

水果和砂糖的完美組合

薄切蘋果片吐司

🕐 料理時間7分鐘 ∣ 卡路里232kcal ∣ 鹽份0.9g

1. 在吐司上
鋪滿蘋果片。

2. 均勻撒上
砂糖。

3. 撒上奶油塊後
放入小烤箱。

🔲 小烤箱加熱 4～5分鐘

吐司(薄片)
…1片

蘋果…1/4顆(切成薄片)

稍微重疊

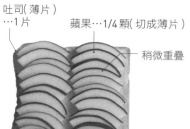

砂糖…1/2大匙

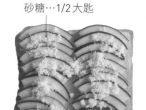

奶油…10g
(撕成小塊)

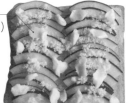

Finish memo
上面放點奶油，
再淋上蜂蜜。

飄散著讓人幸福滿點的甜甜香氣

週末特別版
咖啡館的法式吐司
🕐 料理時間15分鐘｜卡路里500kcal｜鹽份1.5g（1片份）

調製好的蛋液若沒有立刻使用，以保鮮膜封好後放在冰箱內
可保存1～2天。
※以上標示的料理時間，是不包含調製蛋液，且製作一片時
所需的時間。

2片份

蛋液　🌀 拌勻
蛋汁…2顆份
砂糖…2大匙
牛奶…1杯

吐司(薄片)
…2片

● 奶油…15g×2小塊
● 奶油、蜂蜜…依個人喜好

1.

將吐司並排（不重疊）放入夾鏈
袋內，倒入調好的蛋液後封起開
口。上下搖晃讓蛋液均勻被吐司
吸收，再放入冰箱靜置一晚。

※如果手邊沒有夾鏈袋，可以保鮮盒或其他容器替
代，再覆蓋保鮮膜也OK。

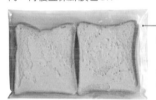

夾鏈袋
（約30×20cm）

擠出空氣後
平放

2.

平底鍋先預熱，
再把沾滿蛋液的
吐司一片片放進
鍋子煎烤。

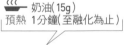

奶油(15g)
預熱 1分鐘(至融化為止)

♦♦♦ 小火　🕐 1分鐘

3.

蓋上鍋蓋
悶軟。

♦♦♦ 小火　🕐 5～6分鐘

4.

翻面再蓋上
鍋蓋悶軟。

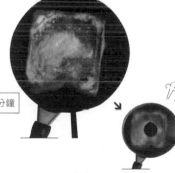

♦♦♦ 小火　🕐 5～6分鐘

5.

打開鍋蓋，
烤至兩面酥脆。

♦♦♦ 中火　🕐 兩面各1分鐘

生蛋拌飯大變身

雞蛋…1顆

撒上少許的
七味粉。

在柴魚片上放入融化的奶油

貓飯
奢華版

🕐 料理時間 5 分鐘
卡路里 415kcal ｜ 鹽份 0.7g

雞蛋…1顆

奶油…10 g
（剝成小塊）

柴魚片
…依個人喜好

市售的烤雞肉串
…1串(取出竹籤)

溫熱的白飯
…茶碗1杯份

在甜甜鹹鹹的烤雞肉上，加一顆生雞蛋

雞肉親子丼加蛋

淋上些許醬油

🕐 料理時間 5 分鐘
卡路里 428kcal ｜ 鹽份 1.1g

溫熱的白飯
…茶碗1杯份

※材料皆為1人份。　　※譯注：貓飯，泛指將味噌湯、菜餚剩湯，甚至醬油柴魚片等，淋拌在白飯上的簡單料理。

早餐最不可或缺少的就是蛋。變化無窮的蛋料理，讓人每天都吃不膩。
這裡首先介紹最受歡迎的各種生蛋拌飯。
只要在白飯正中央挖個凹槽，就能將蛋黃漂亮地打在飯上。

雞蛋
…1顆

兩種「蛋」的邂逅
明太子拌蛋

🕐 料理時間 5 分鐘
卡路里 384kcal ｜ 鹽份 1.0g

雞蛋…1顆

辣味明太子(微辣)
…2小匙

溫熱的白飯
…茶碗 1 杯份

Finish memo

可依個人喜好
淋上美乃滋

小片烤海苔
…依個人喜好

溫熱的白飯
…茶碗 1 杯份

辛辣醬
┌ 萬能蔥…3根
│ (切成3cm 長的小段)
│ 豆瓣醬…少許
│ 白芝麻…少許
└ 麻油…1小匙

🌀 拌勻

蔥與豆瓣醬的微辣組合
辣味蔥拌蛋

🕐 料理時間 5 分鐘
卡路里 376kcal ｜ 鹽份 0.6g

水煮蛋料理法

煮出自己喜歡的水煮蛋

🕐 料理時間 25分鐘以上 ｜ 卡路里 76kcal ｜ 鹽份 0.2g（1顆份）
連殼放入冰箱可以保存 2～3 天

4顆份

雞蛋…4顆
● 鹽…少許

> 從冰箱拿出就直接煮的
> 話，雞蛋會容易破裂！

1 將雞蛋放入小湯鍋內，
倒入淹過雞蛋的水量，
放置於常溫中靜置一會。

🕐 15分鐘

—— 倒入剛剛好淹過雞蛋的水量
（口徑18cm的鍋子，約倒入4杯水）

2 加入鹽後開火。

🔥🔥🔥 大火 🕐 煮至沸騰為止

為了避免蛋黃過
硬，不時要以料
理筷將雞蛋上下
左右的輕輕翻動

> 由於鹽具有凝固蛋白質的
> 作用，因此可預防蛋有裂
> 痕，導致蛋白流出。

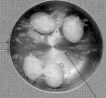

3 水煮。

💧💧💧 小中火

🕐 時間則依照個人喜好

—— 煮到熱水微微沸騰冒泡

↓

以冷水漂洗，待
雞蛋冷卻後在水
中撥開蛋殼。

沸騰後
3～4分　滑嫩狀

半熟　　5分

8分　普通

偏硬　　12分

> 即使每次水煮的雞
> 蛋數量不同，時間
> 基準還是一樣。

透過水煮的方式，可以看見各種不同樣貌的雞蛋。
就算是簡單的「水煮」，也能擁有各種變化，
有點像在做實驗，可以盡量嘗試，找出自己最喜歡的口感。

滑滑嫩嫩的溫泉蛋

⏱ 料理時間 25分　卡路里 76kcal　鹽份 0.2g（1個分）
連殼放入冰箱可以保存2～3天

2顆份

雞蛋…2顆

倒入冷水，讓小湯鍋內呈
現最佳的水煮溫度，是煮
出美味溫泉蛋的關鍵。

① 倒入 4 杯水煮至沸騰。

💧💧💧 強火　🕐 4～5分

當氣泡大量從鍋子
正中央冒出時，就
表示沸騰了

口徑 18cm 的
小湯鍋

② 熄火，
再倒入 3/4 杯的水。

③ 將雞蛋放在湯瓢
內，再慢慢放入
鍋中。

直接從冰箱
拿出的雞蛋
也OK

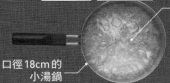

④ 蓋上鍋蓋。

🕐 17～18分鐘

在冷水中冷卻
後，取出剝開
即可完成！

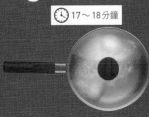

煎炒蛋看這裡！

完美太陽蛋

🕐料理時間 6分 | 卡路里 81kcal | 鹽份 0.2g

1人份

雞蛋…1顆
● 沙拉油…少許

1分
滑嫩

1分
30秒
半熟

1分
偏硬

蛋白邊緣呈現酥脆狀，只需約1分鐘就OK了。

加點水藉此蒸熟

在步驟3放入蛋後，可加入2大匙水，然後立刻蓋上鍋蓋，依照以上時間為標準，自行調整加熱的時間。由於需要動用到爐火，如果早上非常忙碌，就不推薦做這個。

1 將雞蛋打入碗內。

小心別讓碎蛋殼掉進去。

2 一面預熱，一面以沾取沙拉油的廚房紙巾塗抹於平底鍋內。

🌢🌢🌢大火　🕐1分30秒

3 將步驟1的蛋倒入平底鍋內。

🌢🌢🌢小中火　🕐3分30秒

將蛋倒入鍋內後，要立刻轉中小火避免烤焦。

試過水煮蛋，再來當然就是煎炒蛋囉！
馬上來挑戰，做出宛如飯店早餐般完美的太陽蛋和西式炒蛋吧！
可在盤邊放入斜切的吐司條或沙拉，讓早餐優雅上桌。

滑嫩順口的
西式炒蛋

🕐料理時間 8分 ｜ 卡路里 246kcal ｜ 鹽份1.4g

1人份

蛋汁 🌀 **充分拌勻**
┌ 蛋液…2顆份
└ 牛奶…2大匙
● 奶油…10g

> 如果一開始火過小，可能會導致蛋汁無法凝固，請務必注意。

1 預熱後倒入蛋汁，讓蛋汁鋪平於平底鍋內，一邊以木製鍋鏟炒拌，讓蛋汁均勻受熱。

🔥🔥🔥 中火　🕐 熱一下

奶油
預熱 1分鐘

> 為了要製作出滑嫩的炒蛋，此處要以小火進行。

2 將火力比較弱，以至於蛋汁還沒凝固的地方拌勻。

🔥🔥🔥 小火　🕐 1分鐘～1分30秒

3 熄火，再攪拌一次。

🕐 1分鐘

呈現半熟的溼潤狀、但並非液體，這就OK了。

115

只要浸泡就能完成的高湯

每當食譜中出現「高湯」，
總是會想：「難道不能用清水就好嗎？」
但如果改用「浸泡式高湯」來料理，
只要比泡茶再多一點時間，
不僅有高湯的美味，又不用費時熬煮，
以下就介紹可簡單入味的高湯料理秘訣！

真舒服呀

1 在耐熱容器中放入2包柴魚片（6g），接著倒入1杯熱水。

2 靜置一會就完成了。

加點變化會更好吃喔！

鱈魚子高湯拌飯

在1杯茶碗大小的白飯上，放上3cm的鱈魚子和少許蒜末。在1杯熱的「浸泡式高湯」中，加入少許的鹽和醬油拌勻後倒入白飯中。最後撒上烤海苔，淋一點麻油即完成。

高湯溫沙拉

將1株水菜（剪成4cm長的小段）、1/2根竹輪（切成0.5cm寬的薄片）放入碗內。在1杯熱的「浸泡式高湯」中，加入1小匙溫酒（米酒或清酒，可放入微波爐內加熱20秒）、少許的鹽、1/2至1小匙的醬油拌勻後倒入碗內。再依個人喜好加入一點日本黃芥末來調味。

PART 4

完全不複雜的
單品便當

一想到做便當，就覺得非得有很多道配菜才行……。
其實也不盡然，就讓「單品便當」顛覆這種刻板印象吧！
只要將做好的料理蓋在白飯上就完成了，
即使是忙碌的早晨，也能輕易完成（就算前晚預先做好也沒問題）。
單品便當美味又省錢，就從今天開始動手做吧！

Finish memo
在菠菜上淋麵味露、
撒一點白芝麻，
而煎鮭魚
則可以撒上七味粉。

滿滿昭和風的鮭魚便當

🕐 料理時間 10分鐘 ┃ 卡路里547kcal ┃ 鹽份2.5g

1人份

維也納熱狗…2條
（在上面斜劃出5道切口）

菠菜…1/4把
（切成約4cm
的小段）

冷凍
鹹鮭魚
…1片

烤海苔
…依個人喜好

● 鹽…1小匙
● 白飯…160g
● 醬油…少許
● 麵味露（稀釋3倍）、白芝麻、
  七味粉…各少許

水煮比乾煎口感
更加軟嫩。

將3杯熱水倒入
平底鍋後撒一點
鹽，接著放入鮭
魚片水煮。

🔴🔴🔴 中火 ┃ 🕐 3分鐘

2

加入熱狗
一起煮。

🔴🔴🔴 中火 ┃ 🕐 1分鐘

3

放入菠菜
一起煮。

🔴🔴🔴 中火 ┃ 🕐 30秒

將菠菜取出
放入篩網內
瀝乾水份

取出鮭魚片
和熱狗

4

依序在白飯上
放入配料。

❶ 烤海苔(撕成小片)
❷ 醬油
❸ 維也納熱狗、鮭魚、菠菜

豬肉壽喜燒
便當

⏱ 料理時間 10分鐘 ｜ 卡路里681kcal ｜ 鹽份4.7g

Finish memo

待白飯冷卻後
可依個人喜好
加一點紅薑。

1人份

胡蘿蔔⋯1/2根（先對半縱
切，再斜切成薄片）

金針菇⋯1/2包
（50g，分成小株）

青椒⋯1顆（切成易入口的大小）

豬肉片⋯100g
（撒上1小匙太白
粉）

煮汁

混ぜる

砂糖⋯1大匙
酒⋯1大匙
醬油⋯1又2/3大匙
水⋯1/3杯

● 白飯⋯160g
● 紅薑⋯依個人喜好

讓煮汁滲入白飯內
會更加美味喔！♡

① 將煮汁倒入平底鍋後開火。

♦♦♦中火　🕐煮至沸騰為止

② 放入蔬菜
一起煮。

♦♦♦中火　🕐2分鐘

胡蘿蔔

青椒

金針菇

③ 放入豬肉片，
將鍋內食材上下翻動。

♦♦♦中火　🕐3～4 分鐘

用油豆腐做出
豬排便當

🕐 料理時間 10分鐘 ｜ 卡路里550kcal ｜ 鹽份3.0g

1人份

油豆腐…1/2 片
（以溫水洗淨後
將水份瀝乾，切
成3等份）

萬能蔥…6根(切成長5cm的小段)

蛋液…2顆

甜辣醬
砂糖…1大匙
醬油…1大匙
麻油…1小匙
🌀 拌勻　水…1/2 杯

● 白飯…160g

煮汁會一點一滴
慢慢入味！

① 平底鍋開中火，
倒入甜辣醬料，
再放入油豆腐。

🌑🌑🌑 中火 ｜ 醬料稍微冒泡

放入油豆腐 → 🌑🌑🌑 中火 ｜ 2分鐘

建議使用口徑20cm的平底鍋

② 再將一半的蛋液均勻
倒入平底鍋內。

🌑🌑🌑 中火　🕐 20～30秒

將油豆腐
翻面

③ 加入蔥段，倒入剩下
的蛋液後再煮一會。

🌑🌑🌑 中火　🕐 2分鐘

Finish memo

先把一半湯汁
淋在飯上，
另一半則淋在
配菜上。

鮪魚歐姆蛋便當
（略帶咖哩風味）

當便當使用到蛋類時，都要煮熟才行！

🕐料理時間 15分鐘 | 卡路里708kcal | 鹽份3.5g

1人份

高麗菜葉…1/2片(切
成6cm長的寬菜絲)

 拌匀

蛋液

雞蛋…2顆
鮪魚罐頭
…1罐(小罐，60g)
鹽、胡椒…各少許

● 沙拉油…1小匙＋2小匙
● 鹽…少許×2
● 胡椒、咖哩粉…少許
● 白飯…160g
● 番茄醬、粗粒黑楜椒
…依個人喜好

1 預熱後放入高麗菜絲
拌炒並進行調味。

 中火　 1分鐘

沙拉油
(1小匙)
預熱 1分鐘

炒軟後撒入少許的
鹽、胡椒

建議使用口徑20cm的平底鍋

2 再預熱、倒入拌好的
鮪魚蛋液。

 中火　🕐 1～2分鐘

把蛋液均匀舖平

沙拉油
(2小匙)
預熱 1分鐘

3 從蛋皮兩側往中心翻，
熄火後將蛋分成2等份。

 中火　🕐 2分鐘

翻折成好看的形狀

4 依序在白飯上
鋪滿配料。

❶ 鹽…少許
❷ 咖哩粉
❸ 步驟❶ 的高麗菜
❹ 番茄醬
❺ 步驟❸ 的歐姆蛋
❻ 粗粒黑楜椒

只要微波就能做的泡菜豬肉烏龍麵便當

🕐 料理時間 10 分鐘
卡路里 592kcal｜鹽份 5.4g

① 切好的豬肉片
…100g（撒入各少許的鹽、胡椒拌匀）

② 韓國泡菜…50g
（切成易入口的大小）

1 食材依序放入耐熱容器中。

③ 冷凍烏龍麵
…1 球（200g）

⑤ 麻油…1 小匙
⑥ 醬油…2 小匙

④ 蔥…1/2 根
（斜切成薄片）

2 依序放入食材。

鹽、胡椒…各少許

3 放進微波爐內加熱。

 蓋上保鮮膜

 微波爐加熱 6 分鐘

4 充分拌匀。

↓

放入便當盒即完成。

午餐後也要繼續加油。

126　※材料皆為 1 人份

究極單品便當就是
飯糰

對日本人來説，
單品便當的最高境界，當然就是日本人的靈魂美食—飯糰！
即使忙得不可開交，只要單手就能享受，飽足感滿點。
作為加班餐或減肥餐都適合。

製作方法十分簡單，只要把溫熱的飯和餡料混在一起，取適當的份量放在保鮮膜上，接著再用心慢慢塑形就OK了！在回家前吃光了，還能減輕包包重量，真是太方便了。

鮪魚飯糰
帶點成熟大人味
鮪魚海帶芽

2個份｜卡路里581kcal
鹽份1.4g

溫熱的白飯…200g
鮪魚罐頭…1罐
　（80g，瀝掉罐內
　的湯汁）
乾燥的海帶芽
　…1大匙
白芝麻…1大匙
醬油…1/2小匙

鮮甜素材
混搭出美味組合
蝦榨菜

2個份｜卡路里368kcal
鹽份1.6g

溫熱的白飯…200g
榨菜…20g（切成末）
萬能蔥…4根
　（切成細段）
櫻花蝦…2大匙
鹽…少許

像顆足球般的
有趣飯糰
海苔起司

2個份｜卡路里484kcal
鹽份1.8g

溫熱的白飯…200g
烤海苔片…1片
　（撕成小塊）
起司片…2片
　（撕成小塊）
吻仔魚乾…2大匙
鹽…少許

以黑芝麻提味
香味和外型都很吸引人
鮭魚紫蘇

2個份｜卡路里411kcal
鹽份1.2g

溫熱的白飯…200g
鮭魚鬆…4大匙
綠紫蘇…4片
　（撕成小片）
黑芝麻…1小匙
鹽…少許

非常簡單，帶點辣度的美味湯品

味噌和起司的組合，意外地非常美味

青蔥 味噌球	2個份｜卡路里44kcal｜鹽份2.4g

味噌…1大匙　日式黃芥末…1/2小匙
萬能蔥…2根（切成小段）

香柚起司 味噌球	1人份｜卡路里53kcal｜鹽份2.7g

味噌…1大匙
奶油起司（cream cheese）…1小匙
柚子胡椒…1/3至1/2小匙

從杯湯得到的靈感
味噌球

將食材用保鮮膜包起來，食用時只要撕掉保鮮膜，在馬克杯內注入200ml的熱水，攪拌均勻就行。

就算是單品便當，但如果能附上熱騰騰的味增湯
幸福感一定會瞬間倍增。
只要將食材用保鮮膜包起來，就能即刻享用了。

口感濃郁的油豆腐內餡

最熟悉的經典組合

辣味 油豆腐 味噌球	1人份｜卡路里49kcal｜鹽份2.2g

味噌…1大匙　七味粉…少許
油豆腐…1/8片（切成薄片）

海帶芽 味噌球	1人份｜卡路里48kcal｜鹽份2.4g

味噌…1大匙　白芝麻…1/2小匙
乾燥海帶芽…1小匙　麵筋…2小塊

PART

5

隨時能派上用場的
家常聚餐料理

自己做自己吃，就算隨便煮也很開心，

但熟練之後，偶爾也會想要請朋友來吃飯，

這時，從接受度高的大眾料理下手準沒錯，

當某一天被稱讚時，就能抬頭挺胸地說出：「這就是我的拿手菜！」

軟嫩多汁的
漢堡

⏱料理時間 25分鐘 ｜卡路里 498kcal ｜鹽份 3.7g（1人份）

Finish memo
淋點醬汁
增添口感

2人份

【肉排】

洋蔥…1/2顆
（切成末，放入耐熱
容器內以保鮮膜覆
蓋後，放入微波爐加
熱1分鐘，再放涼）

麵包粉…1/3杯（加入
1大匙牛奶後拌勻）

綜合絞肉…200g

雞蛋…1顆

● 鹽…1/3小匙
● 粗粒黑胡椒…少許

【醬汁】

紅酒(如果沒有，
可改成一般料酒）
…2大匙
伍斯特醬
…1又1/2大匙
番茄醬…2大匙
鹽、胡椒…各少許
奶油…15g

🌀拌勻

【配菜】

● 嫩煎馬鈴薯※…適量
● 西洋菜…4支

※〔嫩煎馬鈴薯〕的作法
❶將2顆小馬鈴薯清洗乾淨，
並將水份擦乾，再個別以保鮮
膜包裹起來。❷放入耐熱容器
中，以微波爐加熱4分鐘，取
出後切成4等份。❸在平底鍋
內倒入1/2大匙的沙拉油開中
火預熱，接著放入步驟❷的食
材，煎至馬鈴薯呈現金黃色為
止。❹撒上少許的鹽即完成。

1

將【肉排】的食材放入碗內，
攪拌至呈現黏著狀為止。

以手指邊搓邊揉會
比較容易將食材拌
勻。要拌至沒有白
色粉塊狀才行。

2

分成2等份，
個別捏成橢圓形。

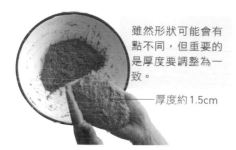

雖然形狀可能會有
點不同，但重要的
是厚度要調整為一
致。

 厚度約1.5cm

3

將步驟2的漢堡排放入平底鍋
內開火煎熟。

🔥🔥🔥中火　🕐2～3分鐘
※煎至上色為止

由於肉排本身就富
含油脂，所以煎的
時候不需加油，放
入肉排後，在形狀
固定前不要隨意去
翻動。

4

將肉排翻面，
接著蓋上鍋蓋悶熟。

🔥🔥🔥中火　🕐1～2分鐘
※煎至上色為止

蓋上鍋蓋
🔥🔥🔥小火　🕐4～5分鐘

悶是為了讓火力
煎不到的地方，
也能受熱。

5

取出步驟4
煎好的肉排。

如果擔心肉排還沒熟的
話，可以使用料理筷壓
壓看，如果壓了表面會
回彈表示熟透了。

6

將【醬料】放入
平底鍋內開火煮開。

🔥🔥🔥中火　🕐1～2分鐘

由於平底鍋內還
殘留著肉排的湯
汁，所以別洗鍋
子直接利用肉汁
來調味。

喚醒鄉愁的滋味
歐姆蛋包飯

🕐 料理時間 30 分鐘 ｜ 卡路里 717kcal ｜ 鹽份 3.0g

2 人份

【雞肉拌飯】

蘑菇…8朵　　　　　　洋蔥…½顆
（切成1cm的塊狀）　（切成末）

雞胸肉…½片
（80g，切成1cm的丁狀）

溫熱的白飯
…250g

● 奶油…15g
● 番茄醬…3至4大匙
● 鹽、胡椒…各少許

【歐姆蛋】

蛋液
　雞蛋…5顆
　牛奶…2大匙
　鹽、胡椒…各少許

拌勻

● 奶油…15g×2
● 番茄醬…依個人喜好

Finish memo

淋上番茄醬

1 預熱後，依序放入【雞肉拌飯】的食材進行拌炒。

〉〉〉 奶油
預熱 30秒

❶ 洋蔥、蘑菇

◆◆◆中火｜炒至變軟為止

❷ 雞肉

◆◆◆中火｜炒至變色為止

❸ 番茄醬、鹽、胡椒

◆◆◆中火｜1分鐘

2 放入白飯一起拌炒。

◆◆◆中火｜炒至變軟為止

注意不要讓白飯結塊

使用溫熱的白飯製作會比較好吃。

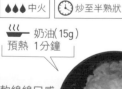

拌勻炒好後先起鍋

3 將直徑20cm的平底鍋預熱，倒入1/2的蛋液後，以料理筷略將蛋液拌勻。

◆◆◆中火　🕐 炒至半熟狀

〉〉〉 奶油(15g)
預熱 1分鐘

要做出軟綿綿口感的歐姆蛋，訣竅就是待奶油融化後，以料理筷略為攪拌個3至4次，讓油脂均勻混入炒蛋裡。

4 熄火，將步驟2中1/2的雞肉拌飯放在蛋皮正中央，再由左右兩端將飯包裹起來。

4-1 蛋皮依照Ⓐ、Ⓑ順序，將飯包裹起來。平底鍋稍微傾倒向一側，讓蛋包飯移動至鍋子的邊處以便塑形。另一側作法也相同。

將飯從中心處向兩側略延展成橢圓形

以鍋鏟將B側的蛋皮翻起

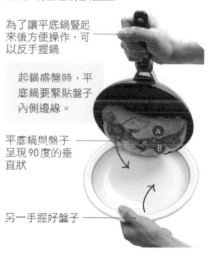

可將平底鍋傾向一側，利用鍋子的弧度來塑形。

4-2 將蛋包飯移動到鍋緣後，握著手把，立起平底鍋，將蛋包飯起鍋盛盤。

為了讓平底鍋豎起來後方便操作，可以反手握鍋

起鍋盛盤時，平底鍋要緊貼盤子內側邊緣。

平底鍋與盤子呈現90度的垂直狀

另一手握好盤子

4-3 以廚房紙巾覆蓋蛋包飯，整理成漂亮的橢圓形。另一份的作法也相同

如果蛋煎得不夠，這時可以挽回一下！

一口接一口的美味

和風炸雞塊

🕐 料理時間 30分鐘 | 卡路里 387kcal | 鹽份 1.2g（1/4份）

Finish memo

點綴上檸檬

3至4人份

雞腿肉…2片
（500g，切成
6等分）

調味醬
┌ 砂糖…1大匙
│ 醬油…2又1/2大匙
└ 大蒜…1瓣（磨成泥）

蛋液…1顆　　太白粉…1杯

● 麵粉…3大匙
● 檸檬…$^1/_2$顆（對切）
● 沙拉油…直徑26cm的平底
鍋，需倒入3cm高的油量（約
3至4杯）

1 將雞肉和調味醬放入塑膠袋內，充分搓揉使其入味。

2 倒入蛋液後搓揉，接著再倒入麵粉拌勻並靜置5分鐘。

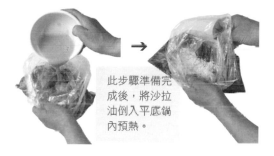

此步驟準備完成後，將沙拉油倒入平底鍋內預熱。

3 用大碗裝著太白粉，接著將雞肉一塊塊放入碗內，以手均勻裹粉。

4 當油溫達到160度時，將雞肉放入鍋內炸。

●●●中大火　🕐2～3分鐘

【160度的標準】把太白粉滴入油鍋中，若太白粉立刻漂浮在油面上，就表示溫度差不多了。

雞肉塊下鍋之後，先等麵衣凝固再攪動。

5 當炸雞塊的麵衣漸漸凝固時，就將炸雞上下翻面再繼續炸。

●●●●中大火　🕐2～3分鐘

6 起鍋前轉大火逼油，在油炸的過程中，請不時以料理筷將炸雞夾起接觸空氣後，再放回油鍋中。

●●●大火　🕐2分鐘

讓油炸物接觸空氣數秒，即可達到二次油炸的效果，可讓炸雞的口感更加酥脆。

→

起鍋後以廚房紙巾將炸油吸乾

不伸長筷子就吃不到的
日式羽根煎餃

🕐 料理時間 30分鐘 ｜ 卡路里 387kcal ｜ 鹽份 1.2g（1/4份）

24個份

【內餡】

蔥…1/2根（切成末）

韭菜…1/2把
（切成寬0.5cm
的小段）

高麗菜葉
…1/4片（250g）

〈預先準備〉高麗菜葉

❶在熱水中放入高麗
菜葉以及少許的鹽，
開中火煮1分鐘。❷取
出高麗菜葉放入網
篩，待冷卻後切成
末，並將水份瀝乾。

豬絞肉
…250g

●太白粉…1大匙
●酒…1/2大匙
●麻油…1/2大匙
●鹽…1/3小匙
●胡椒…少許

餃子皮…24片

茨粉×2

麵粉…1大匙
水…1杯（將麵粉一
點一點加入水中並攪
拌均勻）

●沙拉油…2/3大匙×2
●麻油…1小匙×2
●醬油、醋、辣油
…依個人喜好

Finish memo
淋上醬油、
醋、辣油等
就可以開動了。

1 將【內餡】的食材
放入碗內拌勻。

拌至呈現
黏著狀

2 將步驟1的【內餡】取適量放
入餃子皮，以手指沾水後抹在
餃子皮邊緣。

餃子皮1片

約使用1/24份量的內餡
（約為1大匙左右）

比起正中央，將內餡
放在中間偏下一點，
操作時會比較好包。

3 以左手大拇指和食指將餃子輕輕挾
著，再以右手的拇指與食指，從另
一側慢慢將水餃皮對折捏合。

以左手食指推出褶子，右
手的食指捏合餃子皮。

在容器內鋪上廚房紙
巾，最後再蓋上保鮮膜

剩下的餃子包法都相同

4 預熱，取步驟3做好的12顆餃
子放入鍋內擺成放射狀。

🔴🔴🔴 中火 | 🕐 煎至上色

預熱 沙拉油（2/3大匙）
30秒

中間要留空

可以拿起
來確認餃
子底部是
否上色

5 將芡粉沿著鍋緣繞圈倒入鍋內
後，蓋上鍋蓋把餃子蒸熟。

🔵🔵🔵 小中火 | 🕐 6分鐘

倒入前，再將
芡粉攪拌一次

6 倒入麻油，煮至水份收乾。

🔴🔴🔴 中火 | 🕐 2～3分鐘

當餃子周圍出
現蕾絲般的烤
痕就是OK了！

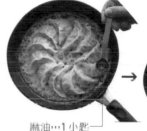

麻油⋯1小匙

7 將盤面朝下蓋著平底鍋，
再將平底鍋倒扣在盤子上
即可。

剩下的餃子作法
也相同

使用隔熱手套
壓住盤子

有媽媽的味道
咪噌鯖魚煮

🕐料理時間 15分鐘 ┃卡路里 290kcal ┃鹽份 2.7g（1人份）

2人份

蔥…1根（切成長4cm的小段）

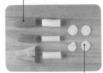

生薑…1瓣（切成薄片）

鯖魚中段…2塊
（在魚皮畫上十字開口）

【煮汁】
砂糖、味噌、酒、味醂
　…各1又1/2大匙
醬油…1/2大匙
白芝麻…1大匙
水…1杯

【預先準備】製作紙蓋子

長度為平底
鍋的半徑

將25cm正方形的烘培紙對折
四次成為錐形，依平底鍋半徑
剪出適當的大小，尖端處也要
稍微剪掉。

分別在兩側剪出數個三角形。

1 將【煮汁】倒入鍋內 拌勻後開火。

💧💧💧 中火　🕐 煮到沸騰

先煮沸煮汁再放
入魚，即可減少
魚腥味。

3 將剪好的紙蓋子， 攤開蓋在鍋內的料理上。

💧💧💧 中火　🕐 8分鐘

當鍋子內的煮汁沸騰時，
蓋上紙蓋子既可讓煮汁保
有對流性，又能保留煮汁
的好味道。

2 放入鯖魚、生薑、蔥繼續煮。

💧💧💧 中火　🕐 熱一下

4 撈出紙蓋子，以湯匙將煮汁 反覆淋在鯖魚上。

💧💧💧 中火　🕐 2分鐘

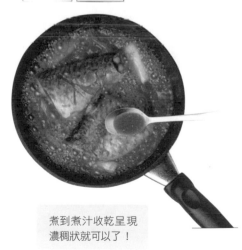

煮到煮汁收乾呈現
濃稠狀就可以了！

外酥裡嫩的
煎雞排

🕐 料理時間 20分鐘 | 卡路里 250kcal | 鹽份 0.8g（1人份）

Finish memo
點綴上
貝比生菜
和檸檬

4人份

雞胸肉…1大片
（250g，將雞胸肉橫放，從中央處劃一刀後，再往左右拉開）

麵粉…1大匙　　蛋液…1/2顆

貝比生菜　　檸檬…依個人喜
…依個人喜好　好（切成半月形）

巴西利麵包粉
┌ 麵粉…20g
│ 起司粉…1大匙
│ 巴西利末
└ …1/2大匙

🌀 拌勻

● 鹽…1/3小匙
● 橄欖油…2大匙＋1大匙
● 胡椒…少許

1 以保鮮膜包裹雞肉後，
用 麵棍將雞肉均勻拍打成
厚度為1cm的肉排。

如果沒有 麵棍，也可以改用玻璃瓶
等其他器具。經過多次拍打，可將雞
肉纖維打散，口感會比較柔嫩。

3 預熱、將雞肉放入平底鍋內。

♦♦♦ 中火　　🕐 2～3分鐘

橄欖油
預熱（2大匙）1分鐘

2 在雞肉上撒鹽和胡椒後，
依序沾麵粉、蛋液、
巴西利麵包粉。

盡可能厚薄一致的均勻沾滿雞排
整體，下鍋時比較不容易散開。

4 將雞肉翻面，
淋上剩餘的橄欖油後
繼續煎。

♦♦♦ 小火　　🕐 4分鐘

橄欖油
…1大匙

不需要使用大量的油
來炸，只要在煎的時
候，正反面各加一次
油就可以了。

賣相好看又經濟實惠的

白菜花朵鍋

🕐 料理時間 20分鐘 ｜卡路里 399kcal ｜鹽份 2.3g（1人份）

2人份

白菜…1/4株
（600g，橫切
成3等份）

青蔥…2根
（斜切成薄片）

【絞肉內餡】

雞絞肉…200g
砂糖…1小匙
鹽…1/4小匙
酒…2大匙
醬油…1大匙
麻油…1/2大匙
水…3大匙
生薑…1瓣（切成泥）

 拌勻

【炒飯用】

溫熱的白飯
…大碗1碗

烤海苔（整片）
…1片
（撕成小塊）

雞蛋
…1顆

 ● 鹽…少許

Finish memo

最後撒上蔥段

1 將白菜立著放入湯鍋中。

菜芯部位放在正中央，外側則放菜莖、菜葉，看起來會比較漂亮。

使用口徑20cm的湯鍋。

3 蓋上鍋蓋燉煮。

🔥🔥🔥 大火｜煮至沸騰 → 🔥🔥🔥 弱火｜10分鐘

經過燉煮後，白菜的甘甜會讓料理變得更美味。食用時可像切蛋糕般，以放射狀切開取出。

2 將【絞肉內餡】平均地塞入菜葉與菜葉之間。

空隙處以湯匙填補均勻。

塞入絞肉內餡，菜葉之間會更加緊密，外觀看起來也更好看。

有炒飯風的收尾粥

鍋內蒸煮殘留的湯汁也不要浪費，直接倒入白飯並打顆蛋拌勻，再撒些鹽調味，最後拌入海苔就OK！

在家也能自製美味冰品

歐風甜點多半需要很多器材才能完成，實在很麻煩。
如果是一枚夾鏈袋就能完成的冰淇淋，
大家應該都做得到！
只要將材料混合後再冷藏，馬上就能完成，
不妨盡量加入喜愛的口味，這可是自炊的特權呢！

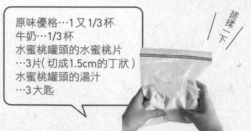

原味優格…1又1/3杯
牛奶…1/3杯
水蜜桃罐頭的水蜜桃片
…3片（切成1.5cm的丁狀）
水蜜桃罐頭的湯汁
…3大匙

搓揉一下

水蜜桃優格冰沙

將食材放入夾鏈袋後密封，隔著袋子將水蜜桃果肉捏碎，搓揉至完全平坦的狀態，接著平放進冰箱冷凍庫內冰凍2～3小時，凝固後，取出後稍微搓揉一下，再放回冷凍庫冰30分鐘即可。

搓揉一下

香草冰淇淋…200g（從冷凍庫取出靜置5分鐘，使其變軟）
OREO巧克力夾心餅…5片
（捏成碎片）
咖啡
├ 即溶咖啡粉…2小匙
└ 熱水…1大匙

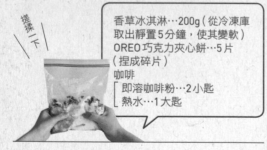

摩卡咖啡冰淇淋

將食材放入夾鏈袋後密封，隔著袋子將餅乾捏碎，搓揉至平坦的狀態（保留一點脆脆的餅乾口感會更好），接著平放冰箱冷凍庫內冰凍2至3小時，使其凝固即完成。

啪啦
啦啦

方塊包
薄片包
碎丁包

叭壟
叭壟

啪啦
啦啦

冷凍備料百科事典

為了延長保存期限，大家常會把食材連同外包裝或塑膠袋一起丟進冷凍庫，
等到使用時卻硬到無法處理，解凍也來不及了，這該如何是好？
這裡介紹幾種備料處理法，不論是要保鮮或保存剩餘食材，都能有效冷凍。
只要運用簡單食材，就算沒時間買菜，也能輕鬆做出美味單品料理！

量多食材看這裡！

方塊包
冷凍法

「方塊包」就是將食材切先分成小塊，包裹後放入冰箱冷凍，並排成像卡片狀（是否有點牽強～），下次要用就很方便。記得直立擺放，才不會忘記有哪些食材。

冷凍保存法

準備和食材差不多大小的保鮮膜，在正中央鋪平食材。折疊保鮮膜的順序如下：外側向內側折，左邊向右邊折。確定摺疊順序後，使用時要打開會更方便。

料理方法

煮	煎	蒸	炒

煮
煮汁沸騰後，直接放入冷凍肉塊或食材，讓食材自行解凍。

`RECIPE IDEA` 又甜又鹹的煮汁加雞肉燉煮，再打顆蛋，就是親子丼。

煎
先放油，再放入冷凍肉塊，煎到肉色變熟，然後再翻面面煎熟。

`RECIPE IDEA` 煎豬肉時，可加入帶有生薑末的甜鹹醬汁，煎至醬汁收乾就是生薑豬肉。

蒸
煮汁沸騰後，直接放入冷凍肉塊或食材，讓食材自行解凍。

`RECIPE IDEA` 培根放在小片高麗菜葉上，用水和西式高湯蒸稍微一下就能上菜。

炒
先放油，再放入冷凍絞肉，炒至變熟，再上下翻炒，炒至絞肉熟透為止。

`RECIPE IDEA` 將絞肉炒開，再放入豆芽菜拌炒，美味滿分的菜餚就完成了。

方塊包

冷凍法
可利用此方法
的食材

豬肉塊、牛肉塊

依厚薄度或間隔排好，邊修剪大小，只要先花一點功夫，之後無論煎、煮，都能快速上菜。

雞肉塊

由於雞肉比較厚，不容易熟透，間隔要排大一點，這樣下鍋時，只要蓋上鍋蓋，雞肉就可快速悶熟。

絞肉

以保鮮膜包成卡片大小後，再用筷子壓出溝狀，方便下廚時剝開並快速煮熟，節省料理時間。

魚片

一塊魚可切成3～4片，排列時可預留間隔。比方冷凍醃鮭魚，就可直接下鍋煎，起鍋剛好就可裝便當。

明太子、鱈魚子

對切後，先預留間隔再包裹，方便切薄片，可拌入溫熱的義大利麵或蔬菜裡，快速增添風味。

培根

培根剛買回來時，就是片片重疊，所以只要剪成卡片大小，再包起來冷凍就行。因培根本來就是一片片，就算冷凍也很容易取用。

豆腐

將豆腐切成1cm寬的長條狀，預留間隔再包裹起來冷凍，就算直接煮湯、煮火鍋都很方便，有凍豆腐般的口感。

生薑、大蒜

每次下廚就要磨生薑、大蒜泥，實在很麻煩，不如一次先做好冷藏，隨時都能解凍取用。

液態、多汁或濃稠食材看這裡！

薄片包
冷凍法

保鮮膜無法處理液態、多汁或濃稠的食材，
這時就就用夾鏈袋吧！
只要將食材或半成品，
連湯帶料裝入夾鏈袋，
平整放入冰箱凍成薄片，
下廚時就能輕鬆剝用所需份量！

冷凍保存法

1 放入食材

以酪梨為例

將食材切成合適大小，放入夾鏈袋，若有湯汁，可一併倒入夾鏈袋。

2 搓揉成液體

隔著夾鏈袋將食材捏碎，搓揉成糊狀，做成約1～2cm厚的薄片，直接放入冰箱冷凍。

冷凍包 完成

使用「冷凍薄片包」時，可從袋底輕輕擠出食材，每次只取用需要的量，就能直接下廚。記得每次使用後，要先擠出袋內的空氣，再密合夾鏈袋繼續冷凍。

料理方法

解凍

從夾鏈袋中取出所需的用量，靜置於常溫就可自然解凍。可用筷子輕輕拌開再加點調味，快速就可變出美味單品料理。

RECIPE IDEA 解凍的酪梨糊拌入美乃滋，就成為可口的沾醬。而白蘿蔔泥、小黃瓜片、泡菜等，解凍後也都能直接食用。

炒

冷凍絞肉可放入預熱的平底鍋翻炒，若加入泡菜等富含水份的食材，解凍速度會更快，料理起來超快速。

RECIPE IDEA 在豬肉片或絞肉中，加入冷凍泡菜，使用前翻炒幾下，單品料理瞬間就完成了。冷凍絞肉加番茄罐頭，可做出義大利麵的紅醬。

煮

煮汁沸騰後，即可加入冷凍食材，由於冷凍食材入鍋後，溫度會稍微降低，請煮至再次沸騰為止。

RECIPE IDEA 冷凍罐頭番茄和泡菜加入湯中，再倒入蛋液，美味的蛋花湯就完成了。

薄片包

冷凍法
可利用此方法
的食材

使用前痛快地將冷凍薄片
折斷,也非常有快感!

罐頭番茄

19cm正方形的夾鏈
袋,大約可保存200g
的罐頭番茄醬。可用來
製作義大利麵的紅醬,
或其他料理之用。不需
預先解凍,直接下鍋即
可。

白蘿蔔泥

19cm正方形的夾鏈
袋,大約可保存1/4條
白蘿蔔泥。記得要先
將蘿蔔泥的水份稍微
瀝乾,再放入夾鏈袋
內。適合搭配烤魚或
鍋物料理等。

小黃瓜薄片

水份多的小黃瓜,適
合做成薄片包。19cm
正方形的夾鏈袋,大
約可保存2條小黃瓜的
薄片。小黃瓜薄片上
加少許鹽,搓揉後擰
乾水份,再放入夾鏈
袋保存。取少量在常
溫下解凍後,可做成
淺漬的開胃小菜。

絞肉

可一次買多一點絞肉
備用。19cm正方形的
夾鏈袋,大約可保存
200g的絞肉。先將絞
肉放入夾鏈袋平鋪,
以筷子壓出溝狀,方
便日後使用。不需解
凍,可直接下鍋料
理。

蛋液

19cm正方形的夾鏈
袋,大約可保存2~3
顆雞蛋。先將雞蛋打
散,後再倒入夾鏈
袋。可直接加入湯裡
當配料,也可放在常
溫解凍後做成玉子
燒。

泡菜

19cm正方形的夾鏈
袋,大約可保存250g
的泡菜。解不解凍都
可使用,適用來炒菜
或是煮湯,解凍後直
接吃也OK!

沒有湯汁的固體食材看這裡！

碎丁包
冷凍法

把食材放入夾鏈袋內，
插入吸管壓出空氣，
讓袋子內保持近似「真空狀態」，
別讓食材相互擠壓在一起，
就可製作出容易拿取的冷凍包！

1 避免食材相互堆疊

以青椒為例

先將食材切成合適大小，再放入夾鏈袋，不要塞太滿免得不好拿，但也不要太鬆，請以食材不會重疊擠壓的狀態為準。

2 以吸管將空氣吸出

將吸管插至袋底後，密合吸管以外的夾鏈袋開口，接著利用吸管將袋內的空氣吸乾，最後抽出吸管將袋口密合即可。

使用「碎丁冷凍包」時，只需打開夾鏈袋就能輕鬆取用。取用後，將空氣擠除，再將袋口密合即可。只要一開始能均勻放入食材，就不用擔心食材相互擠壓而損傷。

冷凍包
完成

夾鏈袋版的真空包裝！
真空狀態不僅可預防氧化，同時也有利於保持食材新鮮度。

撒

辛香料或香菜葉等，原本就可直接食用，可不用解凍。由於量不多，在料理中直接解凍，也不會影響風味。

RECIPE IDEA 不但適合撒在烏龍麵、蕎麥麵、義大利麵等麵食上，熱騰騰的白飯也可以。

煮

煮汁沸騰後，即可直接加入冷凍保存的蔬菜、肉品或加工品等，冷凍過的蔬菜，會呈現燉煮過的效果。

RECIPE IDEA 冷凍蔬菜塊或加工品，可加入味噌湯或其他湯品，使用起來非常方便。而肉類、魚類及海鮮則適合與甜鹹煮汁一起燉煮，最後再加顆蛋來調味。

蒸

將冷凍的肉類或加工食品放在蔬菜上，再倒入蒸煮調味醬汁，蓋上鍋蓋，等蔬菜變軟就OK。

RECIPE IDEA 若在蔬菜上加點鮪魚或培根，蒸煮後會更加美味可口。

碎丁包

冷凍法
可利用此方法
的食材

玉米罐頭

將罐頭玉米倒入網篩上瀝乾水份,再以廚房紙巾擦乾,即可放入夾鏈袋內保存。用於炒菜、湯品或拉麵都很不錯。

鮪魚罐頭

將罐頭內的汁液瀝乾後放入夾鏈袋內,為了方便取用,在夾鏈袋密合後,先用手將鮪魚推平,再放入冷凍庫。

披薩用起司

將起司條鋪平放入夾鏈袋,使用時不解凍也OK!可用於吐司或焗烤料理,使用方法與冷凍前相同。

培根

擦乾培根表面的水份,切成寬1.5cm的條狀放入夾鏈袋。使用時直接取用所需份量,可不解凍直接拌炒,或是加入湯品。

日式薄片油豆腐

先縱向對切,再切成寬1.5cm的條狀,即可放入夾鏈袋。使用時可直接放入小烤箱,做出酥脆的口感,或是放入味噌湯、豬肉味噌湯。

吻仔魚乾

吻仔魚乾鋪平後放入夾鏈袋,不需解凍就可直接使用,適合撒在熱騰騰的白飯或義大利麵上。

洋蔥丁

先將含水量較高的根芯部切除,再切成小段,擦乾水份後即可放入夾鏈袋,使用時直接取所需的份量即可。

萬能蔥

擦乾水份後切成末,放入夾鏈袋內保存,使用時直接取所需的份量即可。可撒於料理上當作調味,也能作為炒飯的配料。

巴西利
擦乾水份後切成末，放入夾鏈袋內保存，使用時直接取所需的份量即可。可用於西式湯品或燉煮料理中，增加料理彩度之用。

四季豆
將四季豆切成大約3等分，放入夾鏈袋內。適合用於軟嫩口感的燉煮料理或日式湯品，也可在常溫中解凍後，擦乾水氣與芝麻做成配菜食用。

韭菜
擦乾水份後切成3cm長的小段，再鋪平放入夾鏈袋內保存。由於韭菜很容易煮熟，所以在料理步驟的最後再撒入也完全沒問題。

豆芽菜
擦乾水份後鋪平放入夾鏈袋內保存，使用時直接取所需的份量即可。作為拌炒料理時，請再次擦乾水份。

鴻喜菇
去除根蒂後分成小株，鋪平放入夾鏈袋內保存。不需解凍可直接使用，舞茸菇的保存方法也相同。

洋蔥
切成3cm的薄片後擦乾水份，鋪平放入夾鏈袋內保存，使用時直接取所需的份量即可。

小番茄
去掉蒂頭洗淨後擦乾水份，放入夾鏈袋內保存。不僅可用於湯品或是義大利麵醬汁等需加熱的料理，也能直接生吃。

小松菜
切成3cm長的小段後擦乾水份，鋪平放入夾鏈袋內保存，使用時直接取所需的份量即可。可用於拌炒或日式湯品等，解凍後也可涼拌直接食用。

蘘荷
縱向對切後斜切成薄片，鋪平放入夾鏈袋內。適合作為素麵的調味，或是搭配義大利風的生肉料理（Carpaccio），也能適合拌炒或加入味噌湯。

搶救走樣蔬菜
小事典

雖然總想要好好把食材用完，
或是好好把食材冷藏保存好，
想著想著，往往一不注意就超過保鮮期，
等到發現時，食材已經有點不太一樣！
「唉呀！這是壞掉了嗎？還能吃嗎？」
這裡要傳授辨識食材可用與否的秘訣，
並附上一些聰明的料理建議！

---

01 綠紫蘇
perilla

Q 一不注意，葉片就變得
軟趴趴！這樣風味還在嗎？

如果葉片還是綠色，可放入水裡試試看，或許能喚回葉片的彈力，所以請不要放棄。

當葉片軟趴趴時，將根處放入
水中靜置一會，可能就恢復挺
立。如果依舊軟趴趴的，紫蘇
可能已經走味了，建議切成末
和料理一起拌炒，加熱後會比
較好吃。此外，較小的綠紫蘇
葉味道較好，請務必記得。

---

02 酪梨
avocado

Q 切開後發現變色了！而且果肉有數
個黑點，是不是已經壞了？

即使酪梨內有黑點也還能吃喔！至於食用方法則建議採用高溫拌炒。

靠近果皮的黑點，大多是因為
運送過程中碰撞所造成的，只
要剔除黑色部分，還是能食
用。至於切開後切面上有黑
點，則可能是因為冰箱過冷而
導致凍傷。而此時比起生吃，
更建議煮後會比較好吃，可以
與蝦子、美乃滋等一起拌炒。
順道一提，當酪梨外皮變皺
時，是表示已經熟透，可食用
不需擔心。

153

03 南瓜
pumpkin

Q 南瓜籽似乎發霉了！！！
這該丟掉還是怎麼辦呢？

只要把長霉斑的籽整個刮掉，就沒問題了！

南瓜籽和瓜肉的內膜處都很容易發霉，但是請放心，只要以湯匙挖乾淨，就能按照一般的調理法料理了。如果可以的話，請在買來後立即將南瓜籽和內膜刮除，如此一來就能延長保存期限。此外，切口處偏白是因為澱粉成分的關係，可放心食用。

04 高麗菜
cabbage

Q 外側的葉片可以食用嗎？

Q 切口處變黑，是爛掉了嗎？

高麗菜外側葉片的味道較重，建議用重口味的調味方式。

高麗菜外側綠色較深的菜葉營養豐富，但放久了會漸漸變成咖啡色。只要把咖啡色的部分切除，仍然是可以食用的！但由於外葉片的高麗菜味道較重，所以建議搭配同樣味道強烈的蕃茄，或是以重口味的調味方式來料理。此外，外側葉片的纖維較粗，處理時請清洗乾淨，切成細絲，口感會較佳！

葉片發黑是因為氧化，切掉就可以。

切口處變黑是因為高麗菜內的多酚（polyphenol）氧化所致，雖然不是壞掉，但由於口感不太好，所以可以把黑掉的部分切除。以保鮮膜將切口緊緊包裹起來，則可降低發黑的情況。

05 小黃瓜
cucumber

Q 軟趴趴的小黃瓜，直接生吃還真的有點⋯⋯

既然已經成為適合醃漬的狀態，那就順手作成淺漬的開胃小菜吧！

缺乏水份而枯萎的小黃瓜，已經無法變回清脆口感的狀態了，但卻十分適合做成醃漬料理。只要將小黃瓜切成薄片，再加上麵味露、日式橘醋醬油、辣椒粉等拌勻靜置冷藏，簡單的淺漬小菜就完成了！又或是可以加點麻油一起拌炒，做成中華風的料理也很搭。

06 牛蒡
burdock

Q 變得軟軟地又不易去皮時，是不是就沒救了？

徹底清洗乾淨後，連皮一起吃！

牛蒡本來就是可以連皮一起吃的蔬菜，將缺乏水份軟趴趴的牛蒡連皮一起切成片，接著放入鍋內拌炒或燉煮就可以吃了。雖然沒有脆脆的口感，但經過燉煮後，會融入湯汁的美味，呈現不同的風味。此外，如果切片時發現中心處出現紅色，則是因為氧化的關係，雖然可以食用，但味道會稍微重一點，建議先浸泡在水中一會，之後將水份瀝乾再料理。

07 小松菜
Japanese mustard spinach

Q 菜葉變黃了還能吃嗎？

黃色的部分不要吃比較好，但其餘的部分還是可以食用。

小松菜的菜葉會變黃，就和楓葉會變紅一樣。變黃的菜葉，味道比較強烈刺激，建議丟棄，沒有變色的部分可留下食用。雖然沒有變色的部分仍可以食用，但整體的營養價值都會降低，且不好嚼，所以建議以垂直纖維的方向將葉片切開，再放入鍋內料理。此外，如果葉子沒變黃，但呈現水爛狀時，可能表示有細菌滋生，請不要食用。

08 四季豆
coinmon bean

Q 軟趴趴又發黑的四季豆，這吃下去沒問題嗎？

可切除變色處，其餘部分雖不太好看，但還是可以煮來吃。

尤其四季豆是放在塑膠袋內販售的蔬菜，很容易因為超市內外的溫差導致袋內產生水氣，四季豆一碰到水份，就會變得軟爛，所以最好先以廚房紙巾包裹後放入塑膠袋，再放進冷藏室。但若不小心讓四季豆發黑，只要切除發黑處，其他部分還是可以吃，放入鍋內燉煮即可。

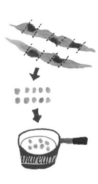

09 香菇
shiitake mushroom

Q 什麼？蕈傘的內側也是咖啡色，這樣能吃嗎？

那是香菇原本菌種的關係，所以沒問題的，但要加熱後再吃。

蕈傘內側的咖啡色，是香菇菌種蔓延所致，是香菇「成長的痕跡」，所以可放心食用。但請不要直接火烤，可以切成薄片後，確實炒熟再吃。而香菇內的白色絨毛是新鮮象徵，可以直接料理無妨。此外，如果香菇呈現水爛狀，就是壞了，請直接丟掉。

10 馬鈴薯
pulato

Q 馬鈴薯因為缺少水份而變皺皺的，是不是就該丟了？

Q 聽說發芽的馬鈴薯有毒這是真的嗎？

煮了也不易散開，可以好好運用。

少了水份的馬鈴薯，雖然不適合脆度口感的料理裡，卻具有「煮了也不易散開」的特色，可好好利用。此外，燉煮料理可以增加馬鈴薯的口感與甜度，由於過軟會導致口感不佳，可在料理前先切除。

基本上只要把芽剔除，還是能吃的

發芽的芽眼有毒，務必確實切除。剩下的部分雖還能食用，但若芽長到2cm以上，養分會大量降低，建議不要吃。當外皮變綠，就表示外皮有毒素，請厚厚地刮除外皮。無論上述哪種情況，馬鈴薯的味道都會變得比較重，建議用來製作咖哩等口感較濃郁的料理。

11 生薑
ginger

 Q 乾巴巴的生薑還能用嗎？

如果切成末，放入鍋內炒的話就沒問題。

雖然乾巴巴的生薑由於口感不好，不建議直接生吃，但若經過煮熟的話就OK！將生薑去皮後切成末或薄片，可用於拌炒或燉煮等料理。由於生薑怕乾燥，建議以沾濕的廚房紙巾將生薑包裹起來，放入保鮮盒內再放入冰箱內冰存。

12 西洋芹
celery

Q 一不注意，西洋芹的葉子和莖部都發黃了，那該丟了嗎？

只是稍微枯萎，但還是可以食用。

葉片變黃表示植物開始乾枯，雖然營養價值也會因此降低，但若要食用還是沒問題的。只是缺少水份的蔬菜，比起生吃，切成末放入湯內調味會更比較好入口。此外，帶有葉片的西洋芹，建議將菜葉和根莖分開保存，以免因葉片蒸發水份，導致根莖處枯黃。

13 白蘿蔔
Japanese radish

 Q 從表面開始變得軟軟的白蘿蔔，還能做出美味的料理嗎？

還是有可以讓變軟的白蘿蔔，變身美味料理的秘訣！

將缺少水份變得軟軟的白蘿蔔切成薄片，撒上鹽巴後以手搓揉，就能變身為美味的醃蘿蔔了！此外，如果白蘿蔔切片上有白色的點點，這就是缺少水份的訊號，可以加熱後再食用。

14 洋蔥
onion

Q 外皮鬆軟，變成咖啡色的洋蔥還能使用嗎？

只要把咖啡色的部分剝除就OK了！

只要洋蔥沒有發出怪味，外層變成咖啡色也沒關係。但將外層去掉後，一定要加熱才能食用。此外，洋蔥變色大致上可分為兩種情況，一是洋蔥外皮變成咖啡色，大多是在保存過程中受到損傷；二是洋蔥內部變成咖啡色，這可能是受到病菌侵襲，就不要勉強拿來吃了。

Q 等到發現時，洋蔥已經長芽？長葉了？

那就把嫩芽吃掉吧！

一旦發現洋蔥發芽後，就趕快將洋蔥移放到能照射太陽的位置，讓危機轉變成轉機。待洋蔥的綠葉長至10～15cm時，就可以採收，無論拌炒或放入湯品都很適合。此外，隨著芽慢慢長大，洋蔥本身的營養價值也會漸漸消失，建議不再食用。

15 茄子
eggplant

Q 切片時發現切口處有黑點，這是發霉了嗎？

雖然味道有些強烈，但如果是用炒的就沒問題。

黑點其實是茄子的種籽，當茄子慢慢變熟後就會冒出。此時不適合用來做清蒸等清爽型的料理，但可切丁拌炒。此外，切丁的茄子變黑，是因為氧化，不影響食材風味。因缺乏水份而發皺的茄子，其實很容易入味，適合作為義大利麵醬汁的配菜等。

16 胡蘿蔔
carrot

Q 面皺皺的，裡面卻軟軟的……

Q 胡蘿蔔尾端變黑了，這是壞了嗎？

如果是作為燉煮料理，那還能使用。

表皮變皺是因為缺乏水份的關係，雖然味道上不會有太大的問題，但還是燉煮或加熱後再吃會比較好。有些冰箱沒有保溼功能，水份散失相當快，是導致食材缺乏水份的主因，甚至放不到一週就變皺。所以建議冷藏蔬菜食材時，先以廚房紙巾包裹後放入塑膠袋，再放入冰箱。

只要切除發黑處，一樣沒問題。

胡蘿蔔發黑通常是因為氧化導致，只要切除發黑處即可。但因為口感改變，比起拌炒來說，更建議作為能確實加熱的燉煮或湯品料理。如果黑色部分出現軟爛狀，那就是細菌滋生所造成的，但也請放心，一樣只要把黑色部分切除，並清洗乾淨，再經高溫烹調就能食用了。

17 大蒜
garlic

Q 什麼！大蒜發芽了，是不是不能吃了啊！

其實大蒜芽擁有豐富的營養成分，可當成「大蒜苗」來使用

大蒜青綠色的芽，其實就是大蒜苗，具有豐富的營養價值，可直接拌炒食用。不過已經發芽的大蒜，吃起來口感較粗，建議加熱後再食用會。此外，高濕度環境易導致大蒜發芽，建議存放在冰箱內較乾燥處，也可用保鮮膜包裹，防止味道擴散。

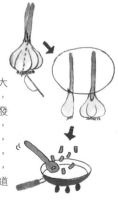

18 蔥
leek

Q 蔥綠變硬了，這樣吃起來還好吃嗎？

只要切成末後放入絞肉料理中，就會變得美味多汁了。

蔥綠含有豐富的 β-胡蘿蔔素，對身體相當有益處，如果在意蔥綠硬硬的會不好吃，那就切成末，混入絞肉內一起燉煮，沒多久，蔥綠就會變成多汁又可口了。若是蔥白部分變硬，可則將蔥白外層剝開，取內層柔軟的部分食用。

19 大白菜
Chinese cabbage

Q 表面上怎麼會有好多黑點,而且還有咖啡色的斑點……這還能吃嗎?

黑點是正常的,至於咖啡色的部分,只要切除即可。

大白菜表面的黑點是色素沉澱導致,並不是生病或發霉,食用完全沒問題;但是大面積的咖啡色斑點,則有可能是腐壞所致,最好切除。此外,由於大白菜水份較多,碰撞後傷口容易腐爛。長時間橫放,可能被其他食材壓傷,建議以直立式保存較好。

20 萬能蔥
scallion

Q 尾端呈現深咖啡色,且看起來垂頭喪氣,這樣還能吃嗎?

先把咖啡色部分剪掉!其餘切成蔥末冷凍起來。

咖啡色的部分表示已經腐爛,所以請剪掉。即使將萬能蔥放在冰箱內,也無法長期保存,所以如果有了切口,很容易就會沿著切口處腐壞。因此建議切成末,放入冰箱的冷凍庫保存。放置蔥末的保鮮盒內,要先鋪上一層廚房紙巾,讓冷凍後的蔥末也能方便取用。

21 青椒
bell pepper

Q 軟趴趴又有些扁掉的青椒,還能使用嗎?

不建議生吃,但放入鍋內炒的話就沒問題。

面皺巴巴表示青椒變熟了,雖然口感不再清脆,但拌炒後也很好吃。此外,有時顏色變紅,這也是變熟的現象,這時青椒的甜度會增加,務必吃吃看

22 小番茄
cherry tomato

Q 哇!怎麼軟掉了,這樣還有救嗎?

只要沒有發霉都還能吃。

小番茄變軟只是因為過熟,但如果出現黑色條紋,外皮破裂等,就可能發霉了,請直接丟掉。番茄變熟後,甜度會增加,所以適合加熱做成番茄醬汁。此外,由於番茄蒂頭處容易長黴菌,所以建議一買回來,就立刻去除蒂頭。

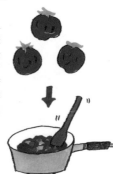

23 青花菜
broccoli

Q 表面變黃，是不是枯掉了？

由於青花菜表面變黃，花蕾會開始陸續掉落，就切末拌炒吧！

青花菜上一粒一粒的部分，其實是花蕾。當青花菜變黃時，可能有以下兩種情況：第一，因為青花菜開花了，第二則是因為青花菜枯萎了。無論是以上哪一種情況，雖然青花菜都還能食用，但是營養價值降低了，所以不建議以水煮，可切末拌炒。調味時，也請考量蔬菜水份減少，味道會比較強烈，因此適合烹調口味較濃郁的菜色。

24 日本水菜
potherb mustard

Q 葉片處變成咖啡色，且有點水爛的狀態，這還能吃嗎？

將咖啡色水爛處剪掉，再徹底清洗乾淨，還是能食用的

豐含水份的日本水菜，是很容易壞掉的蔬菜。當葉片變成咖啡色時，就將咖啡色的地方剪掉，再徹底清洗乾淨，就能放入熱水中加熱食用。此外，容易被碰傷的水菜，最好一買回來，就以熱水燙熟後放涼冰起來方便保存。

25 豆芽菜
bean sprout

Q 當豆芽菜尾端變成咖啡色，是不是該狠心全部丟掉呢？

如果只是變成咖啡色那就沒關係，但若是產生酸味，那就一定要丟掉

從根起算2至3cm處呈現咖啡色時，還是可以食用。只要剪掉咖啡色區域，再放入熱水中煮20秒左右，就可以用了。如果沒有變成咖啡色，卻發出酸味，那就代表有問題了！有可能滋生細菌，請全部丟掉。此外，豆芽菜最有營養價值的就是根部，請趁著豆芽菜新鮮時，連同根處一同食用。

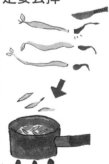

26 萵苣
lettuce

Q 萵苣芯變紅了，這樣還能吃嗎？

只是變老了，還是能吃的

變紅是因為氧化的，雖然還是可以吃，可在食用前把葉片剝成小塊，放入水中靜置10分鐘，再將水份瀝乾以恢復萵苣的脆度，再放入湯品中一起料理。泡過水的萵苣，分量感會降低，大量食用也不會膩。此外，一買回萵苣，可立即去除萵苣芯，再塞入廚房紙巾，可延長保鮮期限。

自炊生活全事典

從備料、烹調、收納到84道和風家常料理，天天開飯超輕鬆

作　　者	ORANGE PAGE	法律顧問	浩宇法律事務所
譯　　者	方嘉鈴	總經銷	大和書報圖書股份有限公司
責任編輯	陳珮真	電　　話	02-8990-2588
行銷企畫	黃怡婷	傳　　真	02-2290-1628
封面設計暨內頁排版　詹淑娟			

發行人	許彩雪	印刷製版	凱林彩印股有限公司
總編輯	林志恆	定　　價	新台幣380元
出　　版	常常生活文創股份有限公司	初版一刷	2018年5月
E-mail	goodfood@taster.com.tw	I S B N	978-986-93655-8-1
地　　址	台北市106大安區建國南路1段		
	304巷29號1樓	版權所有・翻印必究	
電　　話	02-2325-2332	（缺頁或破損請寄回更換）	
		Printed In Taiwan	

讀者服務專線	02-2325-2332
讀者服務傳真	02-2325-2252
讀者服務信箱	goodfood@taster.com.tw
讀者服務網頁	https://www.facebook.com/
	goodfood.taster

FB｜常常好食

網站｜食醫行市集

國家圖書館出版品預行編目(CIP)資料

自炊生活全事典：從備料、烹調、收納到84道和
風家常料理，天天開飯超輕鬆 / ORANGE PAGE
著; 方嘉鈴譯. -- 初版. -- 臺北市：常常生活文創,
2018.05
160面 ;17*23　公分
譯自：ゆる自炊BOOK：料理って意外に簡単らしい
ISBN 978-986-93655-8-1[平裝]
1.烹飪 2.食譜 3.家事整理
427.1　　　　　　　　　　　　　　　105024209

Original Japanese title: YURU JISUI BOOK
Copyright © 2016 The Orangepage, Inc.
Original Japanese edition published by The Orangepage, Inc.
Traditional Chinese translation copyright © 2018 by Taster Cultural & Creative Co., Ltd., arranged with
The Orangepage, Inc. through The English Agency (Japan) Ltd. and AMANN CO., LTD.